大学计算机实训教程

（Windows 7+Office 2010版）

主编　彭　静　陈　利

上海大学出版社

图书在版编目(CIP)数据

大学计算机实训教程/彭静,陈利主编. —上海:
上海大学出版社,2012.7(2014. 8 重印)
ISBN 978-7-5671-0215-6

I. ①大… Ⅱ. ①彭…②陈… Ⅲ. ①电子计算机-
高等学校-教材 Ⅳ. ①TP3

中国版本图书馆 CIP 数据核字(2012)第 105750 号

责任编辑 彭 俊 封面设计 施羲雯
技术编辑 金 鑫 章 斐

大学计算机实训教程

彭 静 陈 利 主编

上海大学出版社出版发行

(上海市上大路 99 号 邮政编码 200444)

(http://www.shangdapress.com 发行热线 021-66135112)

出版人:郭纯生

*

江苏德埔印务有限公司印刷 各地新华书店经销

开本 787×1092 1/16 印张 9.25 字数 219 千字

2012 年 7 月第 1 版 2014 年 8 月第 2 次印刷

印数:6101~7200

ISBN 978-7-5671-0215-6/TP·057 定价:24.80 元

大学计算机实训教程

编 委 会

主编

彭　静　陈　利

副主编

何晓菊　何元飞

参加编写人员

韩　雪　董金明　丁建伟

前 言

大学计算机基础是一门实践性很强的公共基础课，计算机知识的掌握与能力的培养在很大程度上有赖于学生上机的实践，加强实训教学环节的目的就是培养学生的上机动手能力、解决实际问题能力以及知识综合运用能力。

本实训教程实训内容丰富、覆盖面广、图文并茂，目的是帮助学生对基础知识加深理解，培养学生的动手能力。全书结合《大学计算机基础教程》的教学内容共分16个实训，主要包括：微机系统的安装与设置，Windows 7操作系统，Office 2010办公软件，网络实训，信息检索以及信息安全等。

本书涉及的计算机应用知识面很宽，并循序渐进、由浅入深。可以满足不同学时的教学和适应不同基础的学生。在实训顺序方面，大多数实训项目并没有严格的先后次序，教学中可以根据实际情况有所取舍和调整，对于一些已经掌握得很好的基础实训项目，可以忽略不做。对于计算机教学环境好、学时数不多的学校，实训教学重点应放在计算机网页制作和网络等方面，对办公软件可以采用自学和答疑相结合的方法，以便提高教学效率和教学质量。

本实训教程所介绍的实训方法实用，操作性强，与课程要求紧密结合，使学生在掌握课程内容的同时，也提高了实际操作水平。

本书不仅可作为《大学计算机基础教程》配套的实训指导书，也可作为计算机实训教程的教学用书。由于本书编写时间十分紧迫，书中难免有不妥之处，恳请读者批评指正。

目录

第1章　计算机基础与信息科学 …………………………………… (1)

实训1　BIOS的设置 …………………………………… (1)

实训2　安装操作系统(Windows 7) …………………………………… (5)

练习题 …………………………………… (12)

第2章　操作系统 Windows 7 …………………………………… (15)

实训3　windows 7基本操作 …………………………………… (15)

实训4　Windows 7文件夹和文件管理 …………………………………… (21)

实训5　计算机的系统管理 …………………………………… (23)

练习题 …………………………………… (24)

第3章　文字处理软件 Word 2010 …………………………………… (28)

实训6　编排试卷——制作简单的试卷 …………………………………… (28)

实训7　图文混排 …………………………………… (30)

实训8　论文各级标题样式及目录 …………………………………… (32)

练习题 …………………………………… (34)

第4章　电子表格处理软件 Excel 2010 …………………………………… (40)

实训9　工作表的创建与编辑 …………………………………… (40)

实训10　Excel表格的数据管理 …………………………………… (49)

练习题 …………………………………… (52)

第 5 章　演示文稿制作软件 PPT 2010 …………………………………………………… (55)
实训 11　演示文稿的创建、修改和保存 ………………………………………………… (55)
实训 12　幻灯片的动画效果 ……………………………………………………………… (58)
练习题 ……………………………………………………………………………………… (60)
第 6 章　网页制作基础 …………………………………………………………………… (64)
实训 13　网站的创建与管理 ……………………………………………………………… (64)
实训 14　网页页面布局 …………………………………………………………………… (67)
练习题 ……………………………………………………………………………………… (70)
第 7 章　计算机网络与互联网 …………………………………………………………… (74)
实训 15　Windows 7 的网络功能 ………………………………………………………… (74)
实训 16　电子邮件服务的使用 …………………………………………………………… (81)
练习题 ……………………………………………………………………………………… (84)
附录 1:模拟试卷和考试试卷 ……………………………………………………………… (86)
附录 2:参考答案及评分标准 ……………………………………………………………… (128)

第1章 计算机基础与信息科学

BIOS的设置

一、实训目的

- ✿ 了解BIOS基本功能；
- ✿ 了解BIOS设置的方法；
- ✿ 能够动手修改BIOS参数。

二、实训内容和过程

BIOS的完整英文是Basic Input Output System，翻译成中文是“基本输入输出系统”，BIOS是固化到计算机主板上的一个ROM芯片(EPROM或EEPROM)上的一组程序，它保存着计算机最重要的基本输入输出的程序、系统设置信息、开机后自检程序和系统自启动程序，主要是为计算机提供最直接的硬件设置和控制。

目前最常用的BIOS品牌分别是Phoenix Award BIOS和AMI BIOS。有一种简单的方法来区分：BIOS程序界面为蓝底白字的，一般都是AWARD的BIOS程序，而BIOS程序界面为灰底蓝字的，一般都是AMI的BIOS。

1. 进入BIOS

在计算机启动后，迅速按住键盘上的<Del>键(一般笔记本是按<F2>键，对于不同的机器可能还存在其他方法)，然后可以进入BIOS设置界面，BIOS主界面如图1-1所示(AWARD BIOS)：

进入BIOS设置主界面后，通过方向键移动光标，回车键确认，<Esc>键返回，用<PageUp>，<PageDown>和数字键调整设置，在任何设置菜单中可以按下<F10>键退出并保存设置。

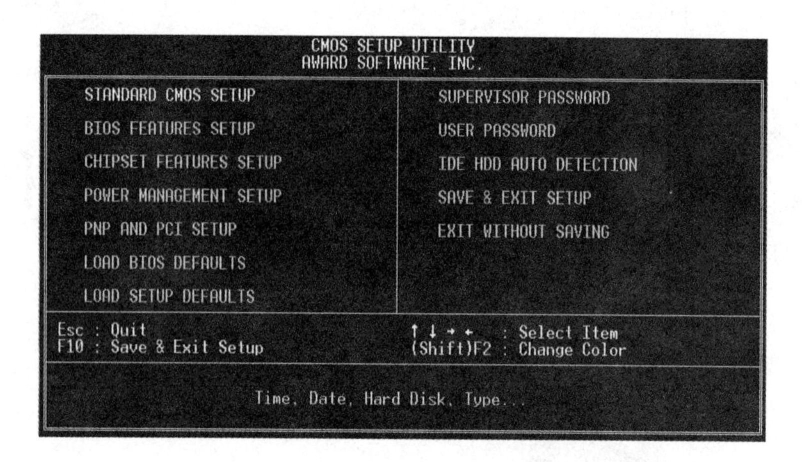

图 1-1　BIOS 主界面

2. 调整系统时间

在 BIOS 主界面上选择【STANDARD CMOS SETUP】，敲回车键，进入图 1-2 所示画面，然后通过移动光标到对应的时间或日期上（图中方框区域），接着用键盘上的＋、－键（或＜PageUp＞，＜PageDown＞键）调整，最后保存。

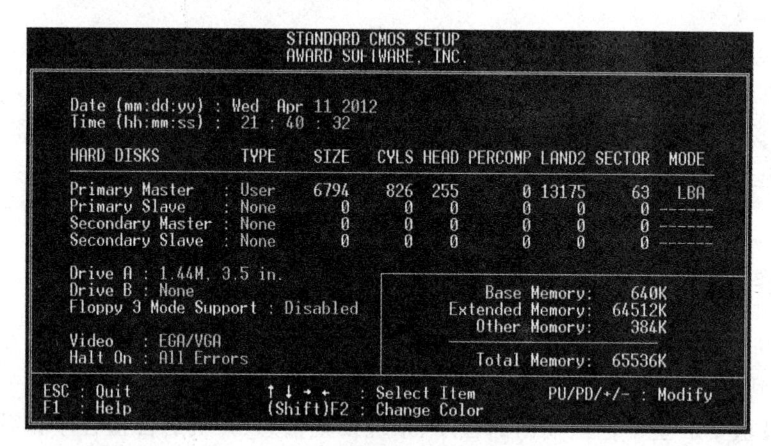

图 1-2　修改系统时间

3. 设置计算机启动顺序

一般来说，计算机都是从硬盘启动，但有时候需要更改计算机启动顺序，比如重装系统时一般会希望从光盘启动。

修改计算机的启动顺序依次为：光驱，硬盘。

在 BIOS 主界面上选择【BIOS FEATURES SETUP】，敲回车键，进入图 1-3 所示画面，将光标移动【Boot Sequence】一项，通过键盘＋、－键（或＜Pageup＞、＜Pagedown＞键）调整为“CDROM，C，A”，即定义启动顺序为：光盘、C 盘（硬盘）、A 盘（软盘）。

有的 BIOS 中设置启动顺序是如下图 1-4 的选项，这两种没有本质区别。【First Boot Device】对应第一启动项，要设定光盘启动的话只需要将后边取值调整为“CDROM”即可。

图 1-4 中对应的启动顺序为：软盘、硬盘和光盘。

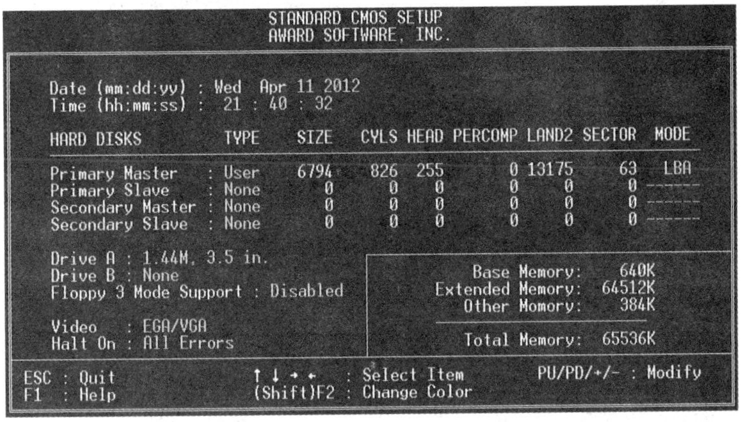

STANDARD CMOS SETUP
AWARD SOFTWARE, INC.

Date (mm:dd:yy) : Wed Apr 11 2012
Time (hh:mm:ss) : 21 : 40 : 32

HARD DISKS	TYPE	SIZE	CYLS	HEAD	PERCOMP	LAND2	SECTOR	MODE
Primary Master	User	6794	826	255	0	13175	63	LBA
Primary Slave	None	0	0	0	0	0	0	------
Secondary Master	None	0	0	0	0	0	0	------
Secondary Slave	None	0	0	0	0	0	0	------

Drive A : 1.44M, 3.5 in.
Drive B : None
Floppy 3 Mode Support : Disabled

Video : EGA/VGA
Halt On : All Errors

Base Memory: 640K
Extended Memory: 64512K
Other Momory: 384K
Total Memory: 65536K

ESC : Quit　↑↓→← : Select Item　PU/PD/+/- : Modify
F1 : Help　(Shift)F2 : Change Color

图 1-3　设置计算机启动顺序 1

1st Boot Device　[Floppy]
2nd Boot Device　[HDD-0]
3rd Boot Device　[CDROM]

图 1-4　设置计算机启动顺序 2

4. 设置用户密码

在 BIOS 主界面中有两项和密码设置相关的选项，分别是【SUPERVISOR PASSWORD】和【USER PASSWORD】，前者是进入 BIOS 的管理员密码，后者是进入系统的密码，前者的权限比后者要高。

在 BIOS 主界面(图 1-1)上选择【USER PASSWORD】，敲回车键，出现如图 1-5 画面，在红色对话框内输入密码(一般要输入两次)，密码输入完成后在主界面上选择【STANDARD CMOS SETUP】，敲回车进入(如图 1-6)，光标移动到【Security Option】，通过键盘＋、－键(或<Pageup>、<Pagedown>键)将【setup】调整为【system】，这样设置的密码才会生效。

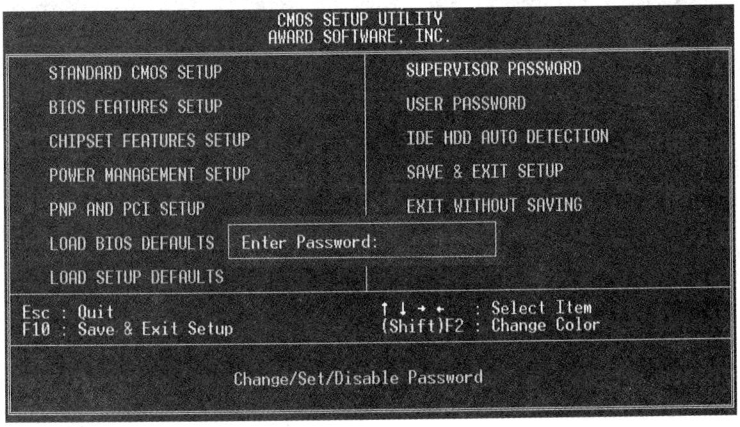

CMOS SETUP UTILITY
AWARD SOFTWARE, INC.

STANDARD CMOS SETUP　SUPERVISOR PASSWORD
BIOS FEATURES SETUP　USER PASSWORD
CHIPSET FEATURES SETUP　IDE HDD AUTO DETECTION
POWER MANAGEMENT SETUP　SAVE & EXIT SETUP
PNP AND PCI SETUP　EXIT WITHOUT SAVING
LOAD BIOS DEFAULTS　Enter Password:
LOAD SETUP DEFAULTS

Esc : Quit　↑↓→← : Select Item
F10 : Save & Exit Setup　(Shift)F2 : Change Color

Change/Set/Disable Password

图 1-5　用户密码设定

```
BIOS FEATURES SETUP
AWARD SOFTWARE, INC.

CPU Internal Core Speed        : 450MHz

Boot Virus Deltection          : Disabled
CPU Level 1 Cache              : Enabled
CPU Level 2 Cache              : Enabled
CPU Level 2 Cache ECC Check    : Enabled
BIOS Update                    : Enabled
Turbo Mode                     : Disabled
Quick Power On Self Test       : Enabled
HDD Sequence SCSI/IDE First    : IDE
Boot Sequence                  : CDROM,C,A
Boot Up Floppy Seek            : Enabled
Floppy Disk Access Control     : R/W
IDE HDD Block Mode Sectors     : Disabled
HDD S.M.A.R.T. capability      : Enabled
PS/2 Mouse Function Control    : Auto
OS/2 Onboard Memory > 64M      : Disabled

PCI/VGA Palette Snoop          : Disabled
Video  ROM BIOS  Shadow        : Enabled
C8000 - CBFFF Shadow           : Enabled
CC000 - CFFFF Shadow           : Enabled
D0000 - D3FFF Shadow           : Enabled
D4000 - D7FFF Shadow           : Enabled
D8000 - DBFFF Shadow           : Enabled
DC000 - DFFFF Shadow           : Enabled
Boot Up NumLock Status         : On
Typematic Rate Setting         : Disabled
Typematic Rate (Chars/Sec)     : 6
Typematic Delay (Mesc)         : 250
Security Option                : Setup

ESC : Quit              ↑↓→← : Select Item
F1  : Help              PU/PD/+/- : Modify
F5  : Old Values        (Shift)F2 : Color
F6  : Load BIOS Defaults
F7  : Load Setup Defaults
```

图 1-6 修改安全选项

管理员密码(SUPERVISOR PASSWORD)操作方法相同。

取消密码的方法，再次重复上边设置密码的步骤，只不过在要求输入密码时不输入任何内容，直接敲回车，就可以取消密码。

5. 恢复默认设置

将 BIOS 改为默认的参数设置。

在 BIOS 主界面(图 1-1)上选择【LOAD BIOS DEFAULTS】，敲回车键，然后弹出一个红色的对话框，输入“Y”恢复默认设置，输入“N”取消操作，如图 1-7。

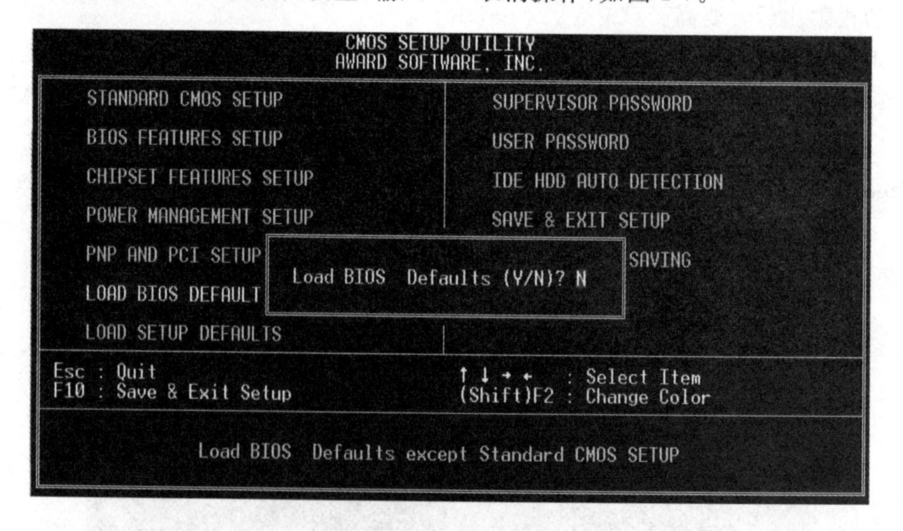

图 1-7 恢复默认设置

6. 退出 BIOS 设置

如果要不应用对 BIOS 所做的修改，则在主界面(图 1-1)上选择【EXIT WITHOUT

SAVING】退出，所做的修改不会被保存；若要保存对 BIOS 的修改，则在主界面(图 1-1)上选择【SAVE & EXIT SETUP】，敲回车后，弹出红色的对话框，输入“Y”即可退出 BIOS 并保存所做的更改。

实训2 安装操作系统（Windows 7）

一、实训目的

✲ 熟悉安装操作系统的过程；
✲ 掌握硬盘分区；
✲ 设置开机密码。

二、实训内容和过程

准备工作：① 准备好一张 Windows 7 安装光盘，本实验中介绍非 Ghost 安装系统的方法，光盘用的是纯净版 windows 7 旗舰版；② 记录安装文件的产品密钥，俗称安装序列号；③ 下载最新的支持 Windows 7 的主板、网卡、显卡等硬件的驱动程序备用。

1. 更改计算机为光盘启动

具体方法参见《实训 1 BIOS 设置》中“更改计算机启动顺序”内容，改好后，在光驱中放入安装光盘，重新启动电脑一般会出现如图 1-8 所示画面，此时按下键盘上的任意键以继续光驱引导。

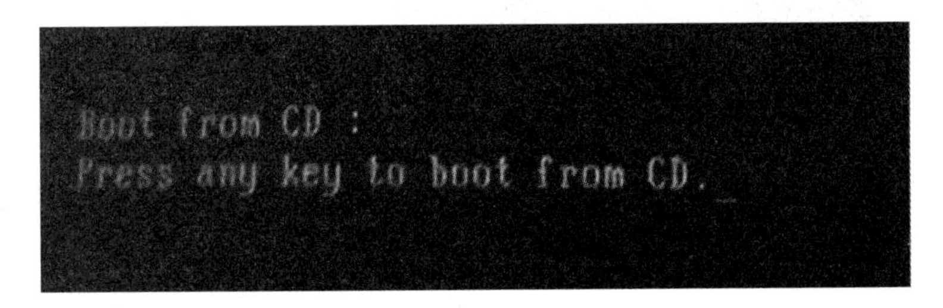

图 1-8　选择从光驱启动画面

引导成功后，会依次出现如下画面(图 1-9)：

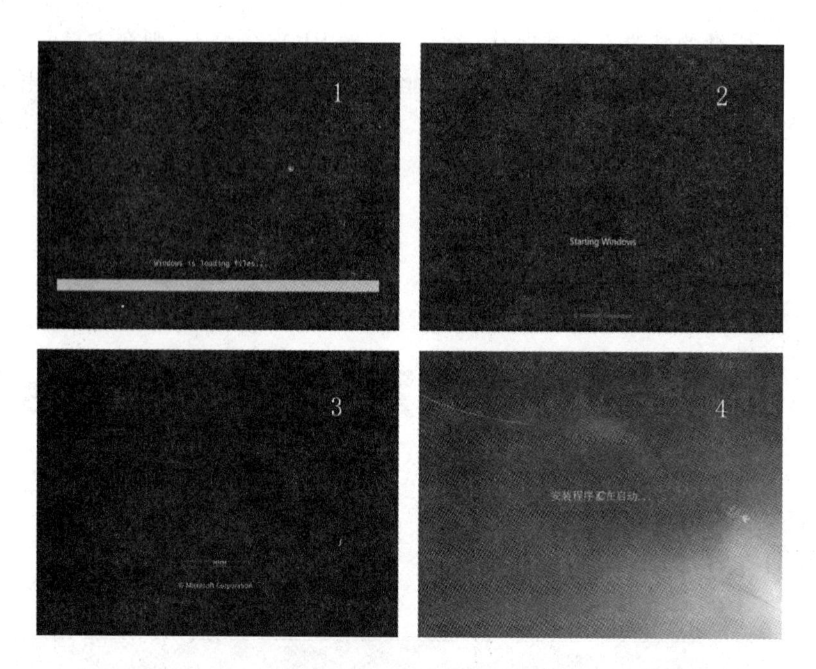

图 1-9　安装程序初次启动画面

出现下面画面时(图 1-10),一般选择默认状态即可,点击【下一步】。

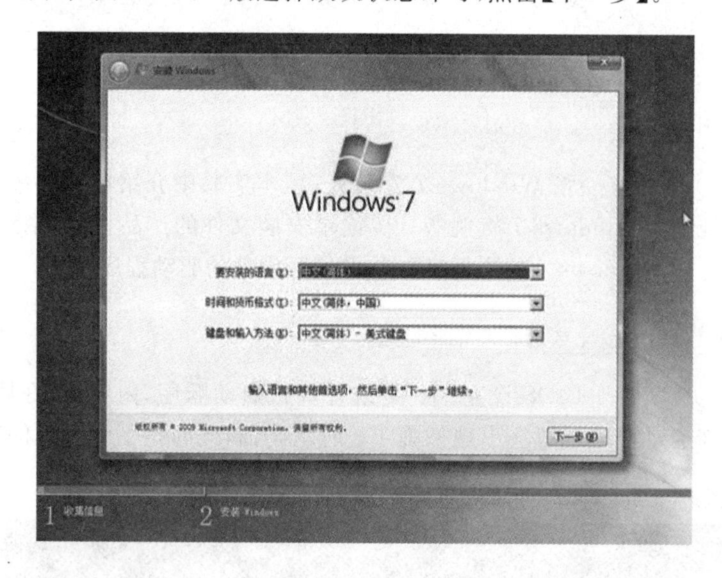

图 1-10　语言和其他选项选择画面

2. 同意许可条款

如图 1-11,在【我接受许可条款(A)】前面打勾,点击【下一步】继续。

3. 硬盘分区

接下来进入了分区界面,如果需要对硬盘进行分区调整,可以按以下步骤进行,否则,跳过分区步骤到下一步。

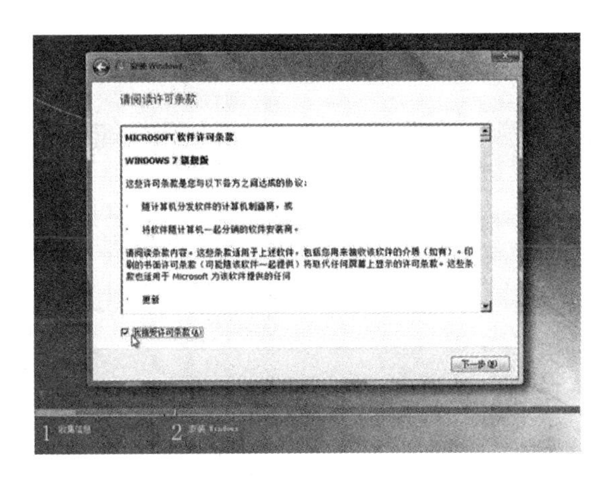

图 1-11　许可条款画面

如图 1-12 所示，画面中显示有“磁盘 0 未分配空间”，表明硬盘未进行分区，接下来点击方框勾选区域中的【驱动器选项(高级)(A)】，进入到磁盘分区步骤。

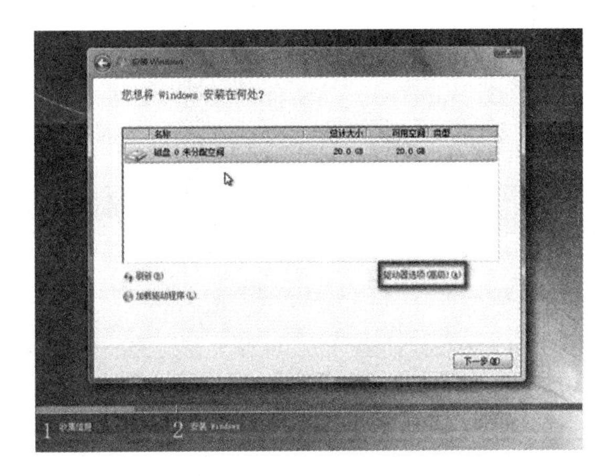

图 1-12　磁盘分区界面

在图 1-13 画面中点【新建(E)】创建分区。

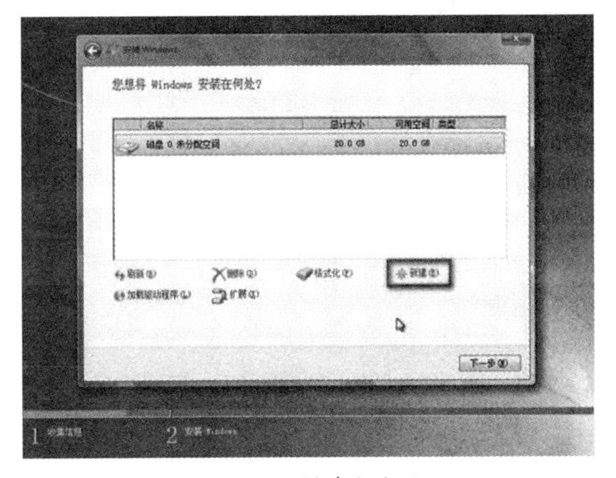

图 1-13　创建新分区

在图 1-14 画面中设置分区容量，输入数值，大小不应超过剩余磁盘容量，然后点击【应用(P)】。

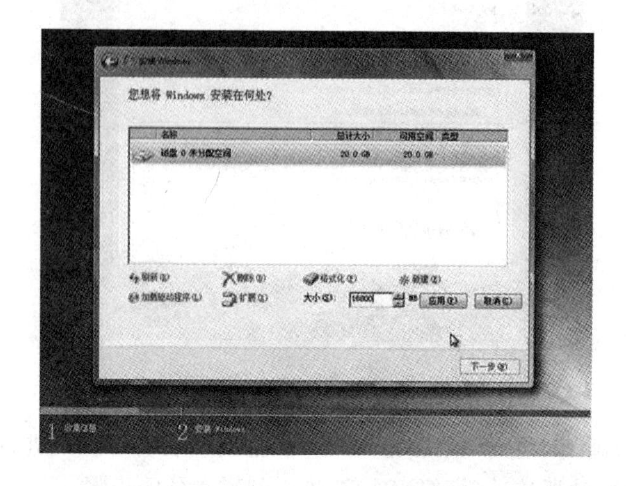

图 1-14　设置分区大小

如果是在全新硬盘，或删除所有分区后重新创建所有分区，Windows 7 系统会自动生成一个 100M 的空间用来存放 Windows 7 的启动引导文件，出现图 1-15 的提示，点击【确定】。

图 1-15　自动创建启动引导文件

与上面的方法一样，将剩余空间创建好分区。选择要安装系统的分区，如图 1-16 所示，然后点击【下一步】。

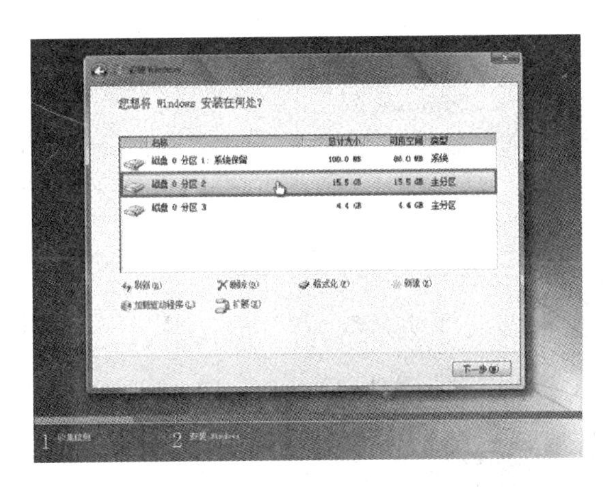

图 1-16 选择要安装系统的磁盘

4. 安装 Windows

开始自动安装系统，如图 1-17。

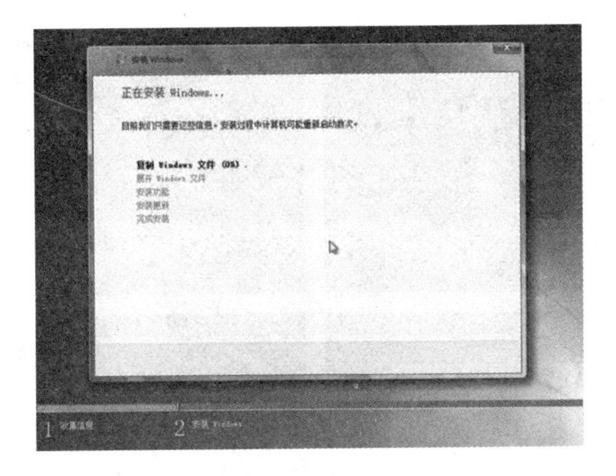

图 1-17 安装系统画面 1

安装成功后会重新启动系统，如图 1-18 和图 1-19。

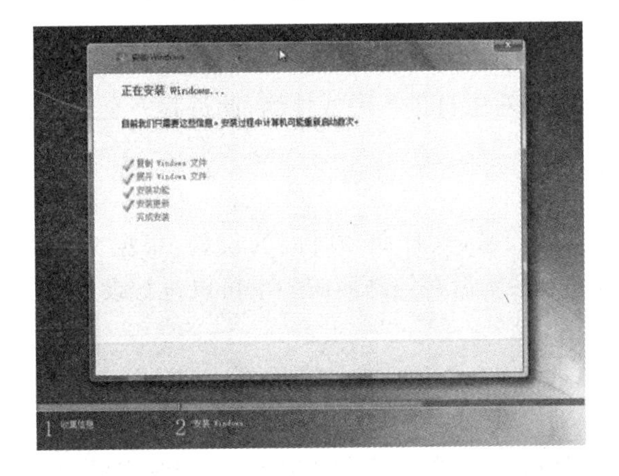

图 1-18 安装系统画面 2

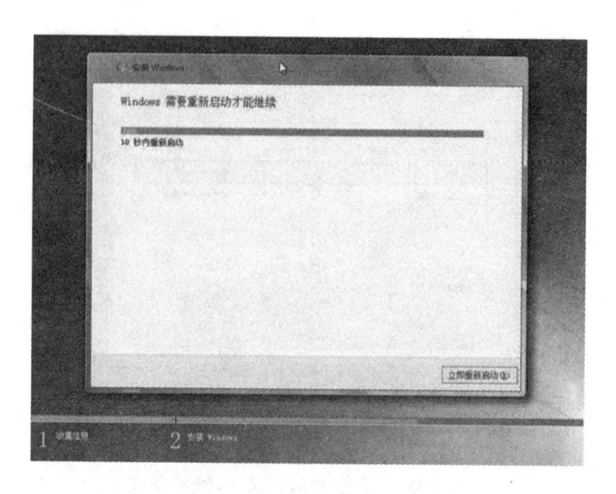

图 1-19　重新启动画面

系统重新启动后，出现如图 1-20 的 Windows 启动界面，安装程序会自动运行继续安装系统。

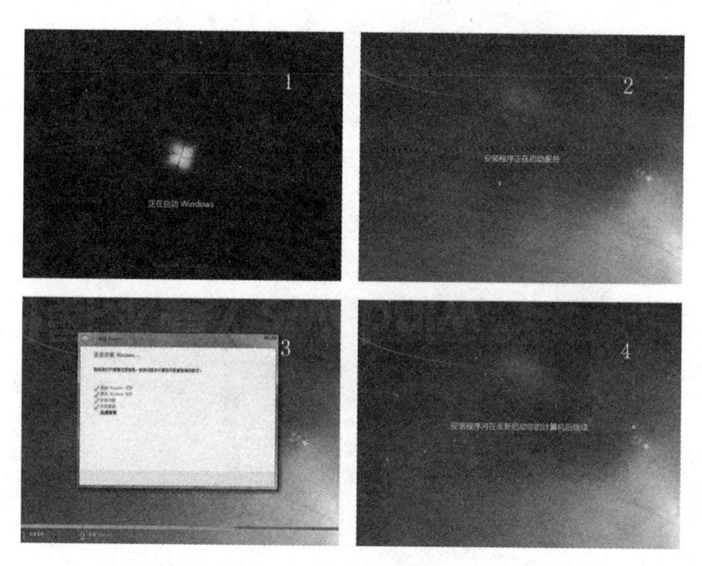

图 1-20　系统重启后画面

安装程序会再次重启，并对主机进行一些检测，此过程完全自动完成，如图 1-21。

5. 用户个性化设定

完成检测后，进入用户名、密码、日期和时间的设置，根据个人的需要可以进行相应设定，如果不设定也可以，进入系统后在控制面板中也可以进行设置，如果完成设置后，系统会启动，如图 1-22 所示。

6. 完成安装

等待一会时间，进入 Windows 桌面(图 1-23)，系统安装完成。

至此系统安装完成，接下来检查一下驱动程序是否都正确安装，Windows 7 安装程序基本能识别大部分硬件并为之安装驱动程序，但不排除一些个别情况，如果有的设备驱动程序没有安装或者没有正确安装的话，手动的更新一下即可。

另外，除了本实验中介绍的这种安装系统的方法外，还有其他一些安装系统的方法，比如 GHOST 安装法，可以快速地将系统复制到磁盘上，操作起来也较简单。大家可以自己动手试试。

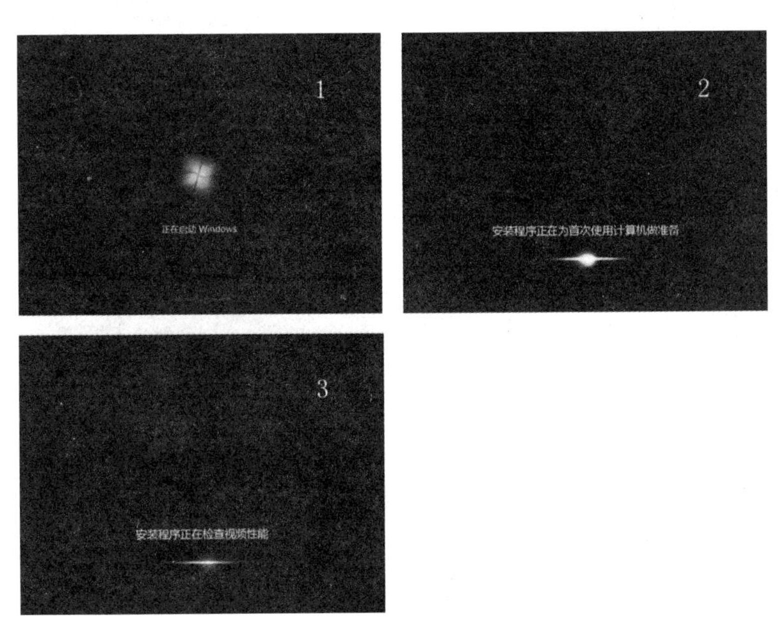

图 1-21 第二次重启检测主机画面

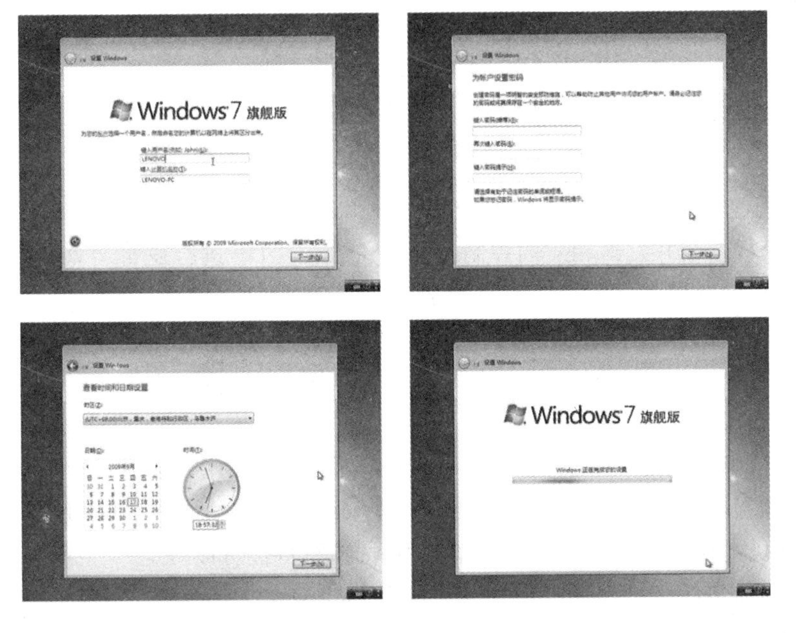

图 1-22 用户个性化设定

图 1-23 Windows 7 桌面

练习题

一、单项选择题(请将正确答案填在指定的答题栏内,否则不得分)

题号	1	2	3	4	5	6	7	8	9	10
答案										
题号	11	12	13	14	15	16	17	18	19	20
答案										

1. CPU 中的控制器的功能是(　　)。

A. 进行算术运算　　B. 控制运算的速度

C. 分析指令并发出相应的控制信号　　D. 进行逻辑运算

2. 计算机的存储器呈现出一种层次结构,硬盘属于(　　)。

A. 主存　　B. 辅存　　C. 高速缓存　　D. 内存

3. 以下各种类型的存储器中,(　　)内的数据不能直接被 CPU 存取。

A. 寄存器　　B. 内存　　C. Cache　　D. 外存

4. 计算机中能直接被 CPU 存取的信息是存放在(　　)中。

A. 内存　　B. 软盘　　C. 硬盘　　D. 光盘

5. 计算机主存一般由半导体存储器组成,按读写特性可以分为(　　)。

A. 高速和低速　　B. RAM 和 BIOS

C. Cache 和 RAM　　D. ROM 和 RAM

6. 计算机断电或重新启动后，(　　)中的信息将会丢失。

A. 光盘　B. RAM　C. ROM　D. 硬盘

7. 按 USB 2.0 标准，USB 的传输速率可以达到(　　)Mbps。

A. 56　B. 240　C. 256　D. 480

8. 目前应用愈来愈广泛的 U 盘属于(　　)技术。

A. 移动存储　B. 刻录　C. 网络存储　D. 直接连接存储

9. DVD-ROM 盘上的信息是(　　)。

A. 只能写入　B. 可以反复读和写

C. 只能读出　D. 可以反复写入

10. 用一个字节表示不带符号的数，转换成十进制整数，其最大值是(　　)。

A. 256　B. 255　C. 127　D. 128

11. 计算机硬件能直接识别和执行的程序设计语言是(　　)。

A. 汇编语言　B. 机器语言　C. 高级语言　D. 符号语言

12. 计算机硬件的基本组成包括(　　)。

A. CPU、主机、电源和 I/O 设备　B. CPU、存储器、I/O 设备

C. CPU、磁盘、显示器和电源　D. CPU、内存、I/O 设备

13. 计算机系统的内部总线，主要可分为(　　)、数据总线和地址总线。

A. DMA 总线　B. 控制总线　C. PCI 总线　D. RS-232

14. 一般说来，计算机中内存储器比硬盘(　　)。

A. 读写速度快　B. 读写速度慢

C. 保持数据时间长　D. 存储容量大

15. 计算机系统主要由两大部分组成，它们是(　　)。

A. 硬件和软件　B. 系统软件和应用软件

C. 主机和外部设备　D. CPU 和存储器

16. 微型计算机中，使用 Cache 提高了计算机运行速度，主要是因为(　　)。

A. Cache 增大了内存容量　B. Cache 扩大了硬盘的容量

C. Cache 缩短了 CPU 的等待时间　D. Cache 可以存放程序和数据

17. 计算机中使用 Cache 的目的是(　　)。

A. 为 CPU 访问硬盘提供暂存区

B. 提供 CPU 的算术运算能力

C. 缩短 CPU 等待慢速设备的时间

D. 扩大内存容量

18. 串行接口 RS232 和 USB 相比较，在速度上是(　　)。

A. 相同的　B. USB 快

C. RS232 快　D. 根据情况不确定的

19. 下列四种操作系统中，以及时响应外部事件为主要目标的操作系统是(　　)。

A. 批处理操作系统　B. 实时操作系统

C. 分时操作系统　D. 网络操作系统

20. 如果要使一台微型计算机,除硬件外,必须有的软件是(　　)。
    A. 数据库系统　B. 应用软件　C. 语言处理程序　D. 操作系统

二、填空题

1. CPU 与存储器之间在速度的匹配方面存在着矛盾,一般采用多级存储系统层次结构来解决或缓和矛盾。按速度的快慢排列,它们是高速缓存、内存、________。
2. 光盘按其读写功能可分为只读光盘、一次写多次读光盘和________光盘。
3. 在计算机的外部设备中,除外部存储器:软盘、硬盘、光盘和磁带机等外,最常用的输入设备有键盘、________。
4. USB 接口的最大缺点是传输距离________。
5. 常用的打印机有击打式(针式)打印机、________打印机、喷墨打印机和热敏打印机等。
6. 绘图仪是输出设备,扫描仪是________设备。
7. 按某种顺序排列的,使计算机能执行某种任务的指令的集合称为________。
8. 汇编语言是利用________表达机器指令,它比机器语言容易读写。
9. 计算机软件分为系统软件和应用软件。打印机驱动程序属于________软件。
10. 用于控制和管理系统资源,方便用户使用计算机的系统软件是________。
11. BIOS 全称是________。
12. "SUPERVISOR PASSWORD"和"USER PASSWORD",前者是进入 BIOS 的________密码,后者是进入________的密码,前者的权限比后者要________。
13. USER PASSWORD 密码设置完成后,需将"Security Option"参数改为________,这样设置的密码才会生效。
14. 在安装系统之前,一般需要将安装系统的磁盘分区资料做好________。
15. 操作系统安装好后,理论上讲需要为各种硬件设备安装________,才能正常使用这些硬件。

第2章　操作系统 Windows 7

一、实训目的

- 掌握 Windows 7 的启动；
- 了解 Windows 7 桌面上图标的作用；
- 熟悉 Windows 7 窗口组成及其操作方法；
- 掌握菜单、工具栏和对话框的基本操作；
- 并且学会不同账户的切换；
- 以及 Windows 7 的关闭。

二、实训内容和过程

1. 计算机的启动与退出

开机后，系统首先进行 BIOS 中的自检程序，接着引导系统，系统进入 Windows 7 欢迎界面，如图 2-1 所示。

在系统进入 Windows 7 欢迎界面的时候有两种情况：第一，如果系统没有创建用户，就直接进入 Windows 7 的桌面；第二，如果创建了多用户，则系统要求选择一个用户名，这里详细介绍第二种情况。

单击"Spring"用户名图标，进入"Spring"用户登录界面。

如果设置了密码，就在文本框里输入正确的密码，点击确定或者＜Enter＞键进入 Windows 7 的桌面。

图 2-1　Windows 7 界面

切换至 Administrator 用户界面。单击【开始】|【关机】|【切换用户】命令，如图 2-2 所示。

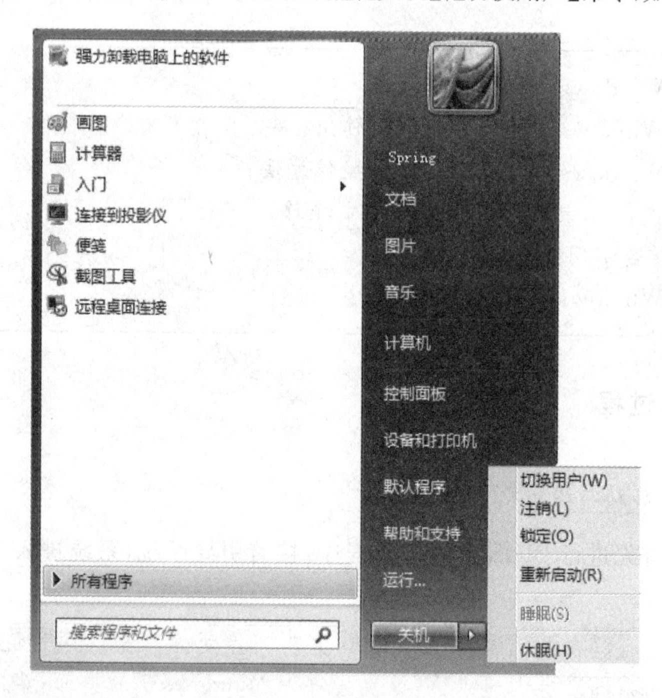

图 2-2　切换用户

系统重新返回多用户登录界面，单击 Administrator 用户图标，系统进入 Windows 7 的桌面。

关闭计算机。单击【开始】|【关机】，如图 2-2 所示，即可将计算机关闭。

对于 Windows7 来说，它的退出方式有注销、切换用户、锁定、重新启动和睡眠五种方式。如果用户暂时不使用计算机，而又不希望其他人操作时，可选择【睡眠】选项，系统将保持当前的运行，并转入低耗能状态，当用户再次使用计算机时，在桌面上移动鼠标即可恢复原来的状态。

2. 创建用户账户

打开【控制面板】窗口。在“计算机”图标上点击鼠标右键，如图 2-3 所示，在弹出的菜单中选择【控制面板】命令，即可打开【控制面板】窗口，如图 2-4 所示。

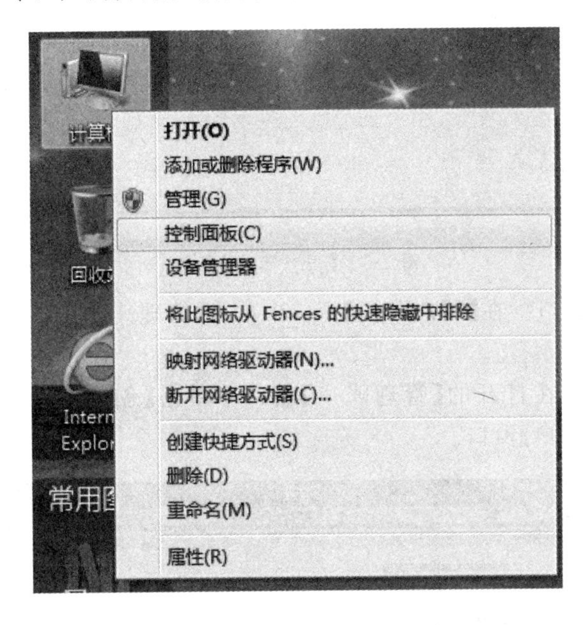

图 2-3　打开【控制面板】菜单

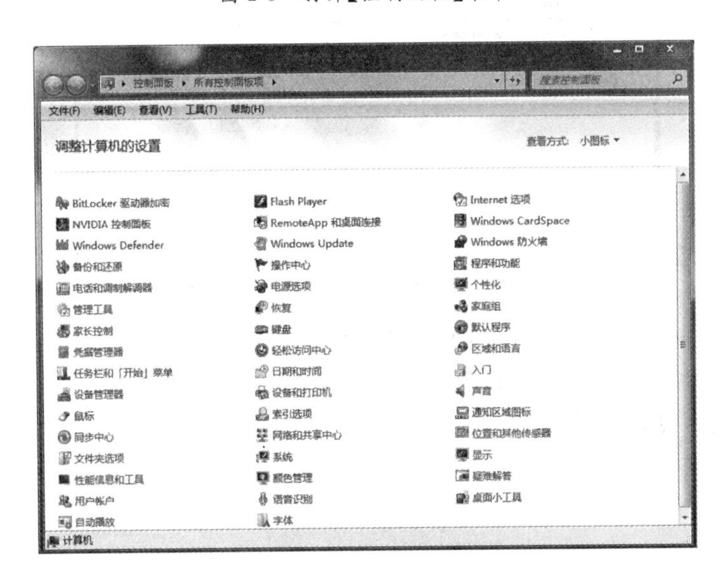

图 2-4　【控制面板】窗口

打开【用户账户】窗口。在【控制面板】窗口中单击【用户账户】命令，即可打开【用户账户】窗口，如图 2-5 所示。

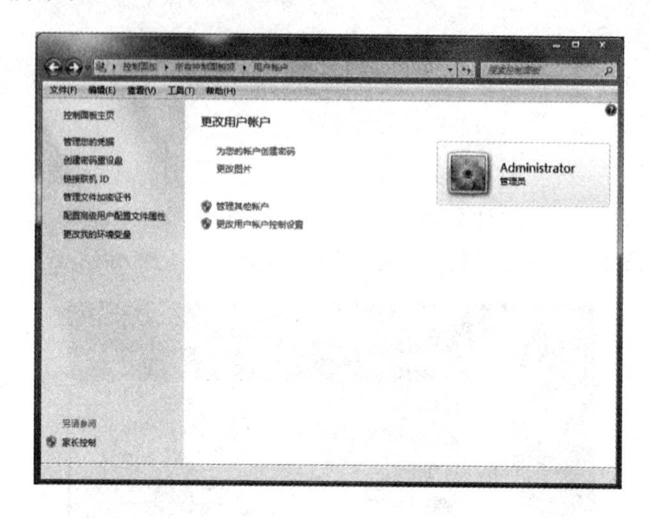

图 2-5 【用户账户】窗口

打开【管理账户】窗口。在【用户账户】窗口中单击【管理其他账户】命令，即可打开【管理账户】窗口。

创建一个新账户。在打开的【管理账户】窗口中单击【创建一个新账户】命令，打开如图 2-6所示的【创建新账户】窗口。

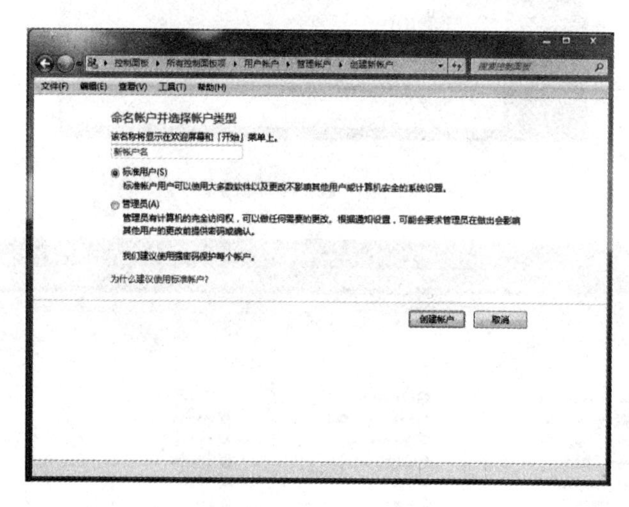

图 2-6 【创建新账户】窗口

在文本框中输入新账户的名称，如“Spring”。

单击【创建账户】按钮，为账户设置。

“管理员”有计算机的完全访问权，能够创建、更改、删除用户账户，能够安装和删除程序等；“标准用户”只能被允许访问自己账户范围内的文件，另外受限账户用户在安装新软件时，可能因为不具备相应的权限而无法完成操作。

确定新账户的权限后，单击【创建账户】按钮，完成创建账户操作，如图 2-7 所示。

图 2-7　创建用户

在【管理账户】窗口中，单击“Spring”账户，打开【更改账户】窗口，如图 2-8 所示。

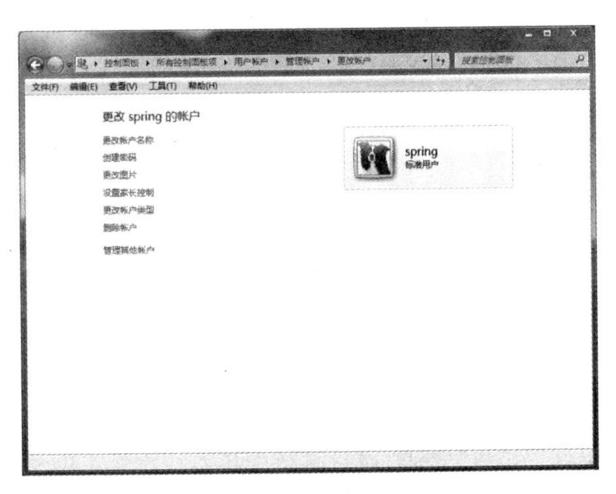

图 2-8　【更改账户】窗口

在【更改账户】窗口中，可以进行更改账户名、创建密码、更改图片、更改账户权限类型等设置。

在【更改账户】窗口中，单击【更改图片】命令，在打开的【选择图片】窗口列表中，单击自己喜欢的图片，或者单击【浏览更多图片…】命令，在打开的文件窗口中选择图片，最后单击【更改图片】按钮，完成更改图片操作。

创建密码。在【更改账户】窗口中，单击【创建密码】命令，打开【创建密码】窗口，如图 2-9 所示。

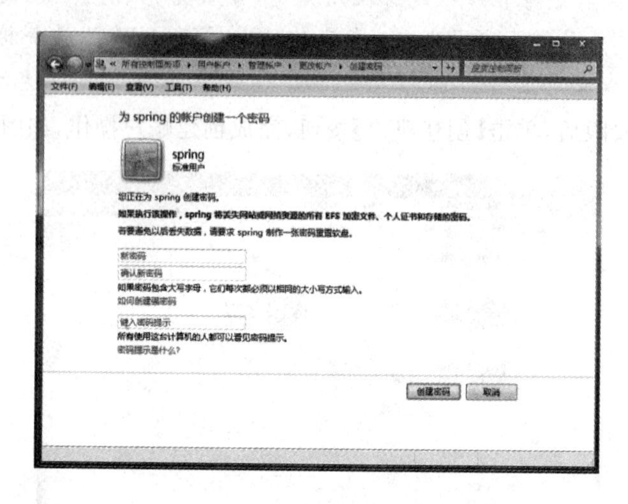

图 2-9 【创建密码】窗口

在文本框中，输入密码后单击【创建密码】按钮即可。

3. 窗口的基本操作

(1) 切换窗口。

单击窗口上任意可见的地方，该窗口就会成为当前活动窗口，另外也可以使用组合键<Alt>+<Tab>或<Alt>+<Esc>进行切换。

(2) 移动窗口。

将鼠标指向窗口的标题栏，主要不要指向左边的控制菜单或右边的按钮，然后拖动标题栏需要的位置即可。

(3) 最大化、最小化和还原窗口。

单击窗口右上角的最大化按钮，窗口便最大化显示并且占据整个桌面，这时最大化按钮为还原按钮。

单击窗口右上角的还原按钮，或者双击该窗口的标题栏，窗口就还原为最大化前的大小和位置。

单击窗口右上角的最小化按钮，窗口就最小化为任务栏上的按钮。

单击任务栏上要还原的窗口的图标，窗口便还原为最小化前的大小和位置。

(4) 调整窗口大小。

指向窗口的边框或窗口角，待鼠标发生变化后，拖动窗口的边框或角到指定位置即可。

(5) 排列窗口。

用鼠标右键单击任务栏上的空白处，然后在弹出的快捷菜单中分别执行【层叠窗口】、【堆叠显示窗口】、【并排显示窗口命令】，并观察各个窗口的位置关系变化情况。

(6) 关闭窗口。

方法 1：单击窗口右上角的关闭按钮。

方法 2:按＜Alt＞＋F4 组合键。

方法 3:执行【文件】|【关闭】命令。

Windows 7文件夹和文件管理

一、实训目的

- 掌握文件夹和文件的建立;
- 对文件及文件夹进行复制、移动、删除、重命名;
- 设置文件和文件夹的属性;
- 搜索文件和文件夹。

二、实训内容和过程

1. Windows 7 文件和文件夹的建立

双击桌面上的【计算机】图标,打开【计算机】窗口,双击 D 盘图标,在窗口的右边会显示出 D 盘根目录下的所有的文件和文件夹,如图 2-10 所示。

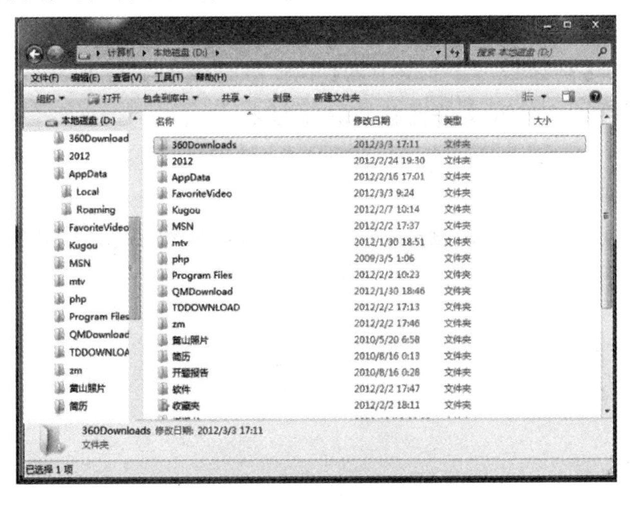

图 2-10　D 盘目录

在右侧窗格的空白处单击鼠标右键，在弹出的快捷菜单中选择【新建】|【文件夹】命令，出现“新建文件夹”图标，然后将文件夹以自己的姓名命名，这里改为“李四”。

双击刚刚新建的文件夹，在该文件夹内再次新建3个子文件夹，分别命名为“图片”、“音乐”和“文档”，如图2-11所示。

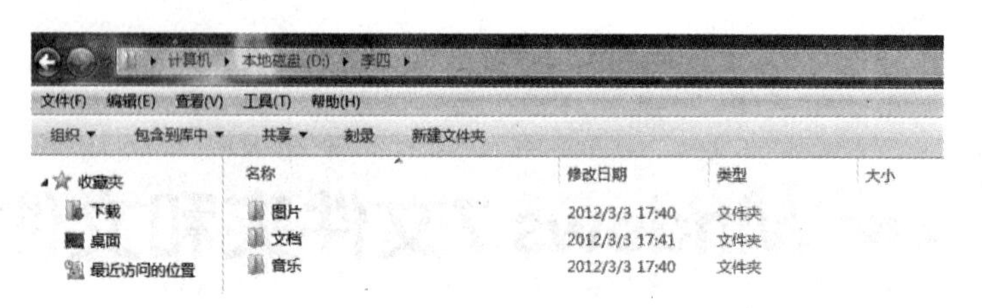

图2-11 三个新建文件夹

双击打开名为“文档”的文件夹，在其中新建3个不同类型的文件，分别是文本文件01.txt、Word文档文件02.doc和图像文件03.jpg，如图2-12所示。

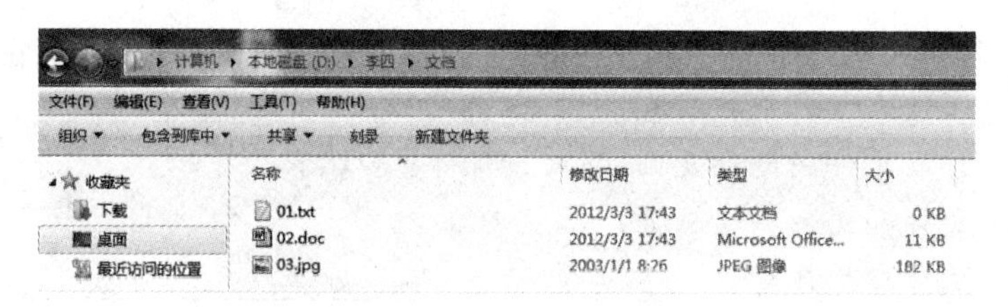

图2-12 不同类型文件

2. 设置文件和文件夹的属性

打开“文档”文件夹，选择“02.doc”文件并单击鼠标右键，在弹出的快捷菜单中选择【属性】命令，弹出【论文属性】对话框，选中【只读】复选框，然后单击【确定】按钮。

打开“图片”文件夹，选择“天空.JPG”文件，单击鼠标右键，在弹出的快捷菜单中选择【属性】命令，弹出【天空属性】对话框，选中【隐藏】复选框，单击【确定】按钮。

在【资源管理器】窗口中，执行【工具】|【文件夹选项】命令，弹出【文件夹选项】对话框，在【查看】选项卡中，选择【高级设置】列表中的【不显示隐藏的文件和文件夹】，单击【确定】按钮，设置为“隐藏”属性的文件和文件夹就被隐藏起来了。

3. 搜索文件和文件夹

搜索C:\Windows目录下字节数小于100KB的扩展名为gif图像文件，并将搜索到的文件复制到E盘个人文件夹下的“图片”文件夹中。

实训5 计算机的系统管理

一、实训目的

- 掌握设置计算机的显示属性；
- 掌握计算机管理的基本方法；
- 掌握创建快捷方式的基本方法。

二、实训内容和过程

1. 计算机管理

用鼠标右键单击桌面上的【计算机】图标，在弹出的快捷菜单中选择【管理】命令，在打开的【计算机管理】窗口中，单击左侧的【存储】|【磁盘管理】命令，如图 2-13 所示。

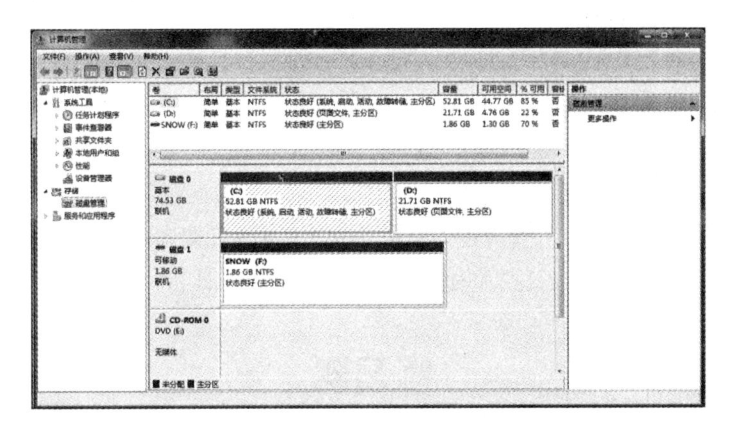

图 2-13　【计算机管理】窗口

这时在窗口中间位置会显示出所有的盘符，右击其中一个磁盘，在弹出的菜单中选择【资源管理器】命令，如图 2-14 所示。

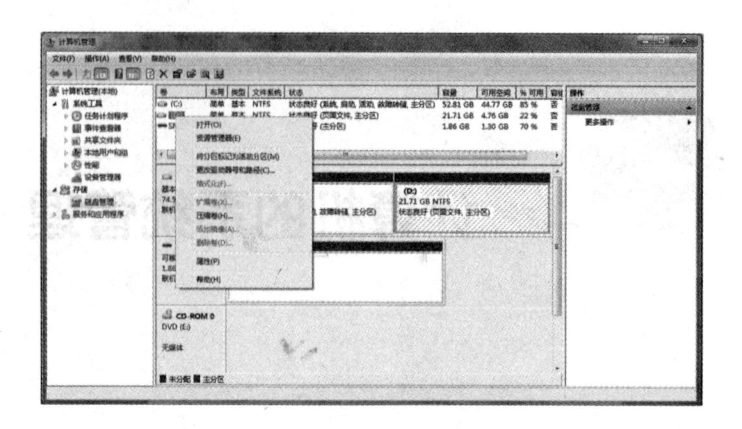

图 2-14 【资源管理器】菜单

2. 创建快捷方式

在桌面的空白处单击鼠标右键，在弹出的快捷菜单中选择【新建】|【快捷方式】命令，弹出【创建快捷方式】对话框，单击【浏览】按钮，将弹出【浏览文件夹】对话框，在文件夹树状结构中找到“Windows Media Player”，单击【下一步】按钮，弹出【选择程序标题】对话框，单击【完成】按钮，这样就在桌面上创建了媒体播放器的快捷方式。

3. 设置显示属性

在桌面空白处单击鼠标右键，在弹出的快捷菜单中选择【个性化】命令，弹出【个性化】窗口。

单击【桌面背景】文字链接，打开【桌面背景】窗口，选择图案“img4”，并设置图片方式为【填充】，单击【保存修改】按钮。

返回【个性化】窗口，单击“屏幕保护程序”文字链接，打开【屏幕保护程序】对话框，单击【屏幕保护程序】下拉列表，选择【彩带】，并设置等待时间为 5 分钟。

4. 设置系统时间

单击任务栏上的时间图标，在弹出的对话框中单击【更改日期和时间设置…】文字连接，弹出【日期和时间】对话框，单击【更改日期和时间】按钮，调整年、月、日和时钟，最后单击【确定】按钮。

练习题

一、单项选择题(请将正确答案填在指定的答题栏内，否则不得分)

题号	1	2	3	4	5	6	7	8	9	10
答案										
题号	11	12	13	14	15	16	17	18	19	20
答案										

1. Windows 7 的文件夹系统采用的结构是(　　)。

A. 树型结构　　B. 层次结构　　C. 网状结构　　D. 嵌套结构

2. Windows 7 中选择多个不连续的文件要使用(　　)键。

A. <Shift>+<Alt>　　B. <Shift>

C. <Shift>+单击　　D. <Ctrl>+单击

3. Windows 7 中选择多个连续的文件要使用(　　)键。

A. <Shift>+<Alt>　　B. <Shift>

C. <Shift>+单击　　D. <Ctrl>+单击

4. 在 Windows 下,当一个应用程序窗口被最小化后,该应用程序(　　)。

A. 终止运行　　B. 暂停运行

C. 继续在后台运行　　D. 继续在前台运行

5. 在下列快捷方式的叙述中,错误的是(　　)。

A. 快捷方式是指向一个程序或文档指针

B. 在完成某个操作任务的时候使用快捷方式可以节约时间

C. 快捷方式包含了指向对象的信息

D. 快捷方式可以删除、复制和移动

6. Windows 7 窗口菜单命令后带有“…”,表示(　　)。

A. 它有下级菜单　　B. 选择该命令可打开对话框

C. 文字太长,没有全部显示　　D. 暂时不可用

7. 在 Windows 7 的“回收站”中,存放的(　　)。

A. 只是硬盘上被删除的文件或文件夹

B. 只能是软盘上被删除的文件或文件夹

C. 可以是硬盘或 U 盘上被删除的文件或文件夹

D. 可以是所有外存储器上被删除的文件或文件夹

8. Windows 7 是一种(　　)。

A. 字处理软件　　B. 操作系统

C. 工具软件　　D. 图形软件

9. 下列操作中能在各种输入法之间切换的是(　　)。

A. <Alt>+F 功能键　　B. <Ctrl>+空格键

C. <Ctrl>+<Shift>组合键　　D. <Shift>+空格键

10. 在 Windows 7 中,要改变屏保程序的设置,应首先双击控制面板窗口中的(　　)。

A. “显示”图标　　B. “个性化”图标

C. “系统”图标　　D. “键盘”图标

11. 在 Windows 7 文件管理中,在按下<Shift>键的同时执行删除某文件的操作是(　　)。

A. 将文件放入下一层文件夹　　B. 将文件直接删除

C. 将文件放入上一层文件夹　　D. 将文件放入回收站

12. 在 Windows 7 中,当用户处于正常状态时,鼠标呈(　　)形。

A. 双箭头　　B. I 字　　C. ↖　　D. 单箭头

13. 在 Windows 7 中，一般“单击”指的是(　　)。

A. 迅速按下左键，并迅速放开　　B. 左键或右键各击一下

C. 按住左键不放　　D. 迅速按下右键，并迅速放开

14. 在 Windows 7 中，若要退出当前应用程序，一般不可通过下列操作中的(　　)来完成。

A. 单击【关闭】按钮　　B. <Alt> + <F4>

C. 双击控制菜单栏　　D. <Alt> + <Esc>

15. Windows 7 提供了多种手段供用户在多个运行着的程序间切换。按(　　)组合键时，可在打开的各程序、窗口间进行循环切换。

A. <Alt> + <Ctrl>　　B. <Alt> + <Tab>

C. <Ctrl> + <Esc>　　D. <Tab>

16. 将整个屏幕内容复制到剪贴板上，应按(　　)键。

A. <PrintScreen>　　B. <Alt> + <PrintScreen>

C. <Ctrl >+ <PrintScreen>　　D. <Ctrl> + V

17. 我们通常所说的“裸机”指的是(　　)。

A. 只装备有操作系统的计算机

B. 未装备任何软件的计算机

C. 计算机主机暴露在外

D. 不带输入输出设备的计算机

18. 操作系统的作用是(　　)。

A. 将源程序翻译成目标程序

B. 控制和管理计算机系统的各种硬件和软件资源的使用

C. 负责诊断机器的故障

D. 负责外设与主机之间的信息交换

19. 在搜索文件时，若用户输入“ * . * ”，则将搜索(　　)。

A. 所有含有“ * ”的文件　　B. 所有扩展名中含有 * 的文件

C. 所有文件　　D. 以上全不对

20. 在 Windows 7 中，用键盘进行复制的组合键是(　　)。

A. <Ctrl>+C　　B. <Ctrl>+A

C. <Ctrl>+X　　D. <Ctrl>+Z

二、判断题(正确的打“√”，错误的打“×”，将正确答案写在指定的答题栏内，否则不得分)

题号	1	2	3	4	5	6	7	8	9	10
答案										

1. 计算机软件一般为系统软件和应用软件两大类，操作系统不属于系统软件。

2. 在 Windows 7 中，某个窗口标题栏的右端的三个图标可以用来使窗口最小化、最大

化和关闭。

3. Windows 中，对文件的存取是按文件名进行存取。
4. 文件夹的名称中不能有“ * ”和“?”。
5. 删除某个应用程序的桌面快捷图标意味着该应用程序连同快捷图标一起被删除。
6. Windows 中有很多功能强大的应用程序，其“磁盘碎片整理程序”的主要用途是将进行磁盘文件碎片整理，提高磁盘的读写速度。
7. “控制面板”是用来对 Windows 7 本身或系统本身的设置进行控制的一个工具集。
8. 对话框是人机交互的基本手段，是一种特殊窗口。对话框不能最小化、最大化、一般不能改变它的大小。
9. 一般来说用户可以根据文件名来识别这个文件的类型，每个文件都由文件的图标和文件名组成，文件名可以没有扩展名。
10. 新建文件和新建文件夹的含义是完全不同的。

三、填空题

1. 在 Windows 7 的文件管理中，如果要选择全部文件或文件夹，可单击“编辑”菜单中的“全选”选项或者按____________快捷键。
2. 一个完整的计算机系统应包括____________和____________。
3. 在 Windows 中，“文本文档”文件默认的扩展名是____________。
4. 在 windows 中，粘贴命令的快捷组合是____________。
5. 在下列有关 Windows 菜单命令的说法中，命令前带有符号(“√”)表示该命令有效，带省略号(…)的命令执行后会打开一个____________，当鼠标指向带黑三角符号的菜单项时，会弹出____________。
6. 在删除文件或文件夹时，选择好要删除的文件或文件夹后，按____________就可以将其删除到【回收站】中。
7. 显示器屏幕上的点、线和面都是由____________组成的，显示器可显示的____________越多，画面就越细，同样屏幕区域内能显示的信息也就越多。
8. ____________是一种可以使计算机和设备通信的特殊程序，相当于硬件和系统之间的桥梁。它可以说是硬件的接口，操作系统只有通过这个接口，才能控制硬件设备的工作，假如某设备的驱动程序未能正确安装，便不能正常工作。
9. 存储管理的管理对象是____________。
10. 操作系统的基本功能____________、____________、____________、____________、____________、____________。

第3章 文字处理软件 Word 2010

编排试卷——制作简单的试卷

一、实训目的

- ✲ 制作一份简单的试卷；
- ✲ 学会制作试卷模板；
- ✲ 处理在编辑试卷中遇到的问题；
- ✲ 插入符号、插入公式、绘制图形。

二、实训内容和过程

1. 页面设置

在建立试卷时，要进行页面设置。一般我们用的都是8开纸，并且是横向的。

在空文档中，单击【文件】菜单中的【页面设置】命令，在打开的对话框中选择【纸型】选项卡，在纸型列表框旁的下拉按钮上单击，选择【自定义大小】，设置宽度为26厘米，高度为37.8厘米，设置纸的方面为“横向”。单击【页边距】选项卡，对上、下、左、右页边距作相应的调整，比如可将上、下边距设置为2厘米。单击【确定】按钮，完成了页面设置。

2. 制作密封线

正规的试卷上都有密封线，我们可以用文本框来制作。

执行【插入】|【页眉】命令，进入【页眉和页脚】编辑状态。然后执行【插入】|【文本框竖排】命令，再在文档中拖拉出一个文本框，并输入字符及下划线。

将光标定在文本框中，执行【格式】|【文字方向】命令，打开【文字方向—文本框】对话框，选中所需的文字方向样式，确定返回。

将文本框定位到页面左边页边距外侧，并根据页面的大小调整好文本框的大小及字符位置等。将鼠标移至文本框边缘处成“梅花状”时，双击鼠标，打开【设置文本框格式】对话框，在【颜色与线条】标签中，将【线条】设置为【无颜色线条】，确定返回。

最后单击【页眉和页脚】工具栏上的【关闭】按钮返回文档编辑状态，密封线制作完成。

3. 模板的设置和使用

如果您经常制作试卷，可以将一份典型的试卷存为一个模板文件，以后就可以利用模板迅速制作一份试卷了。

创建试卷模板的方法为：

步骤 1：找到一份典型的试卷，里面有编排好的版式和格式，去掉不通用的内容；

步骤 2：然后单击【打开】菜单，选择【另存为】命令，在弹出的对话框中，选择【保存类型】为【文档模板】，给出模板文件的名字，确定保存位置，单击【保存】按钮，模板文件就被保存好了。

4. 分栏的设置

选择【页面布局】功能区中的【分栏】命令，在打开的对话框中进行分栏设置，我们选择两栏，单击【确定】按钮，分栏就设置好了。

5. 插入符号

在一份数学试卷中，我们常可以看到有一些特殊符号，比如 α、β、∩、∪等，这种符号是怎样输入的呢？您可以通过下列步骤输入特殊字符：

步骤 1：在文档中出现特殊字符的位置设置插入点；

步骤 2：从【插入】功能区中选择【符号】|【其它符号】命令，在弹出的【符号】对话框中选择【符号】选项卡，从【字体】列表框中选择合适的字体，比如 Symbol、Wingdings 等字体，找到要插入的特殊字符；

步骤 3：单击【插入】按钮，再单击【关闭】按钮，完成插入任务并返回编辑窗口。

6. 插入数学公式

在 Word 文档中用鼠标单击【插入】功能区的【公式】命令弹出内置公式，单击即可插入。也可单击【插入新公式】编辑复杂的公式。同时出现【公式工具】功能区。

7. 试卷的打印

上好打印纸后，执行【文件】|【打印】命令，最后将如图 3-1 所示的试卷打印出来。

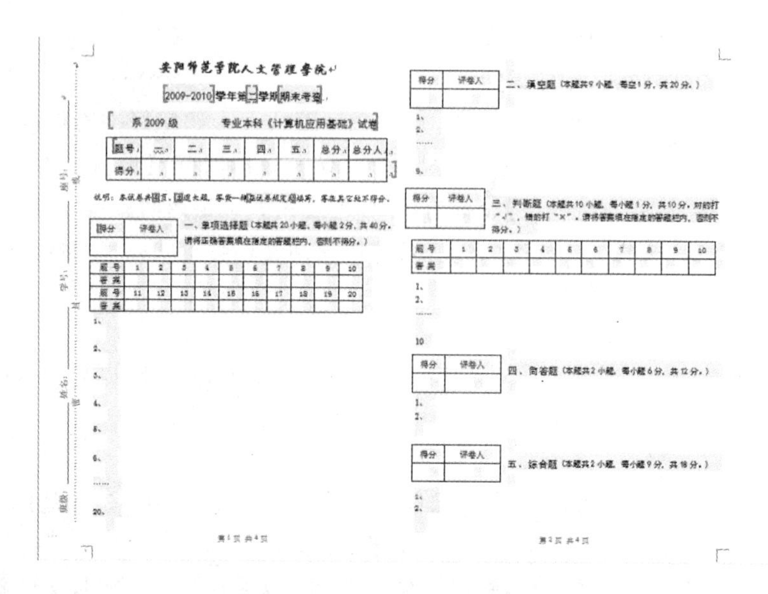

安阳师范学院人文管理学院

[2009-2010]学年第[二]学期[期末考试]

[系 2009 级 专业本科《计算机应用基础》试卷]

题号	一	二	三	四	五	总分	总分人
得分							

说明：本试卷共[]页、[]道大题，答案一律[]在试卷规定[]填写，答在其它处不得分。

得分	评卷人

一、单项选择题（本题共20小题，每小题2分，共40分。请将正确答案填在指定的答题栏内，否则不得分。）

题号	1	2	3	4	5	6	7	8	9	10
答案										
题号	11	12	13	14	15	16	17	18	19	20
答案										

1、
2、
3、
4、
5、
6、
……
20、

第1页 共4页

得分	评卷人

二、填空题（本题共9小题，每空1分，共20分。）

1、
2、
……
9、

得分	评卷人

三、判断题（本题共10小题，每小题1分，共10分，对的打"√"，错的打"×"，请将答案填在指定的答题栏内，否则不得分。）

题号	1	2	3	4	5	6	7	8	9	10
答案										

1、
2、
……
10

得分	评卷人

四、简答题（本题共2小题，每小题6分，共12分。）

1、
2、

得分	评卷人

五、综合题（本题共2小题，每小题9分，共18分。）

1、
2、

第2页 共4页

图 3-1　试卷的制作

制作试卷实际上是一个综合使用 WORD 的过程，在实际的操作过程中，会有各种各样的问题。我们一般是先将试卷中较有规律的部分制作为模板，然后灵活地利用 WORD 的功能，就可以快速完成试卷的制作。如果使用插入公式、插入图版等功能，还可以制作出一些特殊卷面的试卷。

希望大家不要拘泥于上面的例子，在实际应用中任意发挥您的聪明才智，充分利用 WORD 的强大功能，制作出更漂亮、更有特点的试卷。

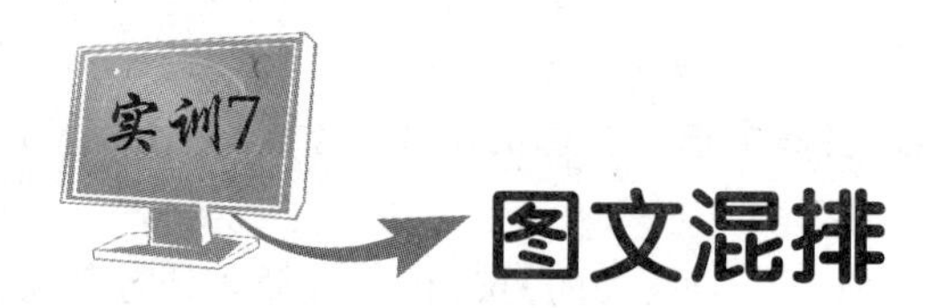

一、实训目的

- ✽ 通过本实训的学习；
- ✽ 要求掌握图文混排的版式设计方法；
- ✽ 掌握中分栏等格式的设置；
- ✽ 熟练运用插入图像对象的大小及图片版式的设置。

二、实训内容和过程

1. 插入艺术字

先定位光标到要插入图片的地方，单击【插入】|【艺术字】，输入“认识东北虎”，并通过【绘图工具】|【格式】功能区设置艺术字的格式。

2. 插入图片

先定位光标到要插入图片的地方，单击【插入】|【图片】。在弹出的【插入图片】对话框中选择要插入的图片，单击【插入】按钮后，选中的图片就插入到了文档中。然后通过【图片工具】|【格式】功能区设置图片的格式。

3. 调整图片的大小和位置

步骤1：现在图片的周围有一些黑色的小正方形，叫做尺寸句柄。把鼠标放到上面，鼠标指针就变成了可拖动的形状，此时按下左键拖动鼠标，就可以改变图片的大小了。

在默认的情况下，如果想要改变图片的位置，可以把图片看成一行文字来完成，比如要将这张图片向后移动两个空格，只需将光标定位到图片的前面，然后按两下空格键即可。

步骤2：可以通过裁剪把图片中不需要的部分裁掉。单击【图片工具】功能区的【裁剪】按钮，鼠标就变成了裁剪的形状。这时在图片的尺寸句柄上按下左键，再拖动鼠标拉出一个虚线框后，松开鼠标左键，就可以把虚线框以外的部分裁掉了。

3. 水印设置

步骤1：单击【页面布局】功能区【页面背景】组【水印】按钮；

步骤2：从弹出的下拉列表中选择【自定义水印】；

步骤3：弹出【水印】对话框。单击【图片水印】；

步骤4：单击【选择图片】按钮。从弹出的对话框中选择合适的图片即可。

4. 设置图片的版式

怎么才能让文字的排列方式和图3-2所示的一样呢？也就是怎样让文字绕排在图片的旁边，而不是像现在这样一上一下呢？这就需要调整图片的版式。

步骤1：单击【图片工具】|【格式】栏上的【自动换行】按钮，再从弹出的菜单中选择【四周型环绕】，文字就在图片的周围排列了；

步骤2：文字不仅仅能在图片周围绕排，还有多种版式可供选择。选中下面的大图片后，单击【图片工具】|【格式】栏上的【自动换行】按钮，在弹出的菜单中选择【衬于文字下方】，此时图片会退到文字后面变成背景，就像我们经常看到的海报和宣传画一样；

步骤3：在这种版式下，图片的移动就变得容易多了。把鼠标移动到图片上，鼠标指针就会变成可移动的形状。按下鼠标左键并拖动，就可以随意地改变图片的位置了。

打印如图3-2所示效果。

认识东北虎

东北虎主要分布于中国的东北地区、西伯利亚和朝鲜北部。

体色夏毛棕黄色，冬毛淡黄色。背部和体侧具有多条横列黑色窄条纹，通常 2 条靠近呈柳叶状。头大而圆，前额上的数条黑色横纹，中间常被串通，极似“王”字，故有“丛林之王”之美称（另一说法：“汉字‘王’，是根据虎头斑纹之状所造的象形文字”）。耳短圆，背面黑色，中央带有 1 块白斑。栖居于森林、灌木和野草丛生的地带。独居，无定居，具领域行为，夜行性。感官敏锐，性凶猛，行动迅捷，善游泳，善爬树。捕食大中型哺乳动物，偶食小型哺乳动物和鸟。据统计目前野生的约有 500 只，中国政府规定了严格地保护办法，对牛羊被虎捕食的农民由国家给予赔偿，并以法律规定禁止生产、销售以虎为原料的中药，如虎骨膏、虎骨酒等，堵塞应用市场，但野生的东北虎仍然非常稀少。

东北虎，也叫西伯利亚虎、阿穆尔虎（黑龙江的俄语名称 东北虎为阿穆尔河）、乌苏里虎、满洲虎，生活在俄罗斯西伯利亚和中国东北地区，体魄雄健，行动敏捷，肩高 1 米多，身长可达 3.4 米，尾长约 1 米，平均体重达到 350 公斤，是现存体型最大的虎亚种和体型最大的猫科动物，毛色浅黄，毛厚，不畏寒冷，

图 3-2 实例效果图

实训8 论文各级标题样式及目录

一、实训目的

- ✲ 掌握分页符、分节符的基本操作；
- ✲ 熟悉掌握页眉、页脚的设置；
- ✲ 熟练掌握样式和格式的使用；
- ✲ 掌握索引和目录命令的使用；
- ✲ 熟练掌握更新目录的使用。

二、实训内容和过程

1. 样式的修改

根据论文标题使用多级符号的要求，我们先对 Word 模板中内置样式进行修改。打开

【开始】标签下的【样式】组中样式任务窗格，将鼠标指针移到【标题 1】样式名处，单击右边的下拉箭头，在弹出的菜单中单击【修改】命令。打开【修改样式】对话框，通过该对话框，按照表 3-1 所示格式要求设置相应的参数。

表 3-1　毕业论文格式要求

名称	字体	字号	对齐方式/缩进	间距
标题 1	黑体	小三	居中	固定行距 20 磅，段后间距 30 磅
标题 2	黑体	四号	左对齐	固定行距 20 磅，段后间距 20 磅
标题 3	黑体	小四	左对齐	固定行距 20 磅，段后间距 18 磅
正文	宋体	小四	首行缩进两个字符	固定行距 20 磅

2. 多级符号的设置

标题是论文的要点部分，应该重点突出，简明扼要，层次清晰，如图 3-3 所示：

- **一 绪　论[标题 1]　2**
- 1.1　网站的总体规划[标题 2] 2
- 1.2　网站建设的需求和目的[标题 2]　2
- **二 开发工具[标题 1]　3**
- 2.1　网页制作使用的技术[标题 2]　3
- 2.2　上网方案[标题 2]　3
- 2.3　申请域名[标题 2]　4
- **三 内容规划[标题 1]　4**
- 3.1　栏目板块和结构[标题 2] 4
- 3.2　内容安排相互链接关系[标题 2]　4
- 3.3　交互性和用户友好设计[标题 2]　5
- **四 详细设计分析[标题 1]　5**
- 4.1　各分页分析[标题 2] 5
- 4.2　各分页分析[标题 2] 5
- *4.2.1　连锁体系[标题 3]　5*
- *4.2.2　新闻动态[标题 3]　5*
- *4.2.3　房源发布[标题 3]　6*
- *4.2.4　服务流程[标题 3]　6*
- *4.2.5　地产专栏[标题 3]　6*
- *4.2.6　诚聘英才[标题 3]　6*
- *4.2.7　服务监督[标题 3]　6*
- *4.2.8　联系我们[标题 3]　6*
- *4.2.9　在线留言[标题 3]　6*
- **五 网站的更新维护[标题 1]　7**
- **六 致　谢[标题 1]　7**
- **七 参考文献[标题 1]　7**

图 3-3　论文中的标题

论文的标题层次格式如下所示：

一 XXXX(居中)　　一级标题
1.1XXXX(顶头)　　二级标题
1.1.1XXXX(顶头)　　三级标题

在上一步为论文标题已经使用了修改后的【标题 1】等样式，所以随意选中一个使用【标题 1】样式的段落，比如“绪论[标题 1]”，单击【开始】标签下【段落】组中的按钮，并在其下拉列表中选择【 一，二，三(简体中文)】样式，再点击【段落】组中的按钮，选择【定义新的多级列

表】,弹出如图 3-4 所示对话框:

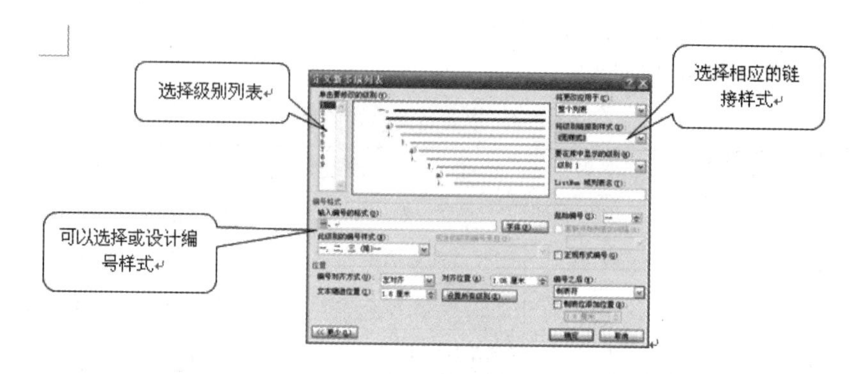

图 3-4　定义新多级列表

并在【将级别链接到样式】的下拉列表中选择【标题 1】样式。接着单击级别列表中的“2”,在编号样式中选择【1,2,3,…】样式,在【将级别链接到样式】下拉列表框中选择【标题 2】样式。同样的方法,单击级别列表中“3”,在编号和样式中设计编号样式,在【将级别链接到样式】下拉列表框中选择【标题 3】,最后点击【确定】即可。

3. 根据素材中的提示,依次设置各级标题

前面已经将各级标题的样式设置完成,现在只需要根据素材后[]内的提示,选中内容,点击【开始】标签中【样式】组中的需要的样式即可。

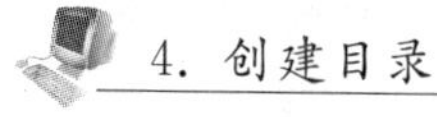

4. 创建目录

在前面我们已经设置了需要创建目录的一、二、三级标题的大纲级别。

插入目录:目录都是单独占一页,将插入点定位到“一绪论”前,单击【插入】|【分页】命令,将插入点定位到空白页,然后单击【引用】标签下【目录】组中的【目录】按钮,并在弹出的列表中选择【插入目录】项,点击确定即可。

更新目录:可在区域内单击鼠标右键,在弹出的快捷菜单中选择【更新域】命令。

练习题

一、单项选择题(请将正确答案填在指定的答题栏内,否则不得分)

题号	1	2	3	4	5	6	7	8	9	10
答案										
题号	11	12	13	14	15	16	17	18	19	20
答案										
题号	21	22	23	24	25	26	27	28	29	30
答案										

1. 在 Word 的编辑状态打开一个文档，并对其做了修改，进行【关闭】文档操作后(　　)。

A. 文档将被关闭，但修改后的内容不能保存

B. 文档不能关闭，并提示出错

C. 文档将被关闭，并自动保存修改后的内容

D. 将弹出对话框，并询问是否保存对文档的修改

2. 在 Word 的编辑状态下选择文件中的一行然后按<Del>键将(　　)。

A. 删除被选择行及其后的所有内容

B. 删除被选择的一行

C. 删除插入点所在的行

D. 删除插入点及其之前的所有内容

3. 在 Word 编辑状态下，要调整左右边界，利用下列(　　)方法更直接、快捷。

A. 格式栏　　B. 工具栏　　C. 菜单　　D. 标尺

4. 在 Word 中，文本框(　　)。

A. 不可与文字叠放　　B. 文字环绕方式多于两种

C. 随着框内文本内容的增多而增大　　D. 文字环绕方式只有两种

5. 在 Word 编辑过程中，若要把整个文本中的"计算机"文字都删除，最简单的方法是使用【编辑】菜单中的(　　)命令。

A. 【清除】　　B. 【剪切】

C. 【撤销】　　D. 【替换】

6. 在 Word 中建立的文档文件，不能用 Windows 中的记事本打开，这是因为(　　)。

A. 文件中含有特殊控制符

B. 文件中含有汉字

C. 文件以.DOC 为扩展名

D. 文件中的西文有"全角"和"半角"之分

7. 在普通视图下，Word 文档的结束标记是一个(　　)。

A. 闪烁的粗竖线　　B. 空心箭头

C. "|"形竖线　　D. 一小段水平粗横线

8. 在 Word 的默认状态下，有时会在某些英文文字下方出现红色的波浪线，这表示(　　)。

A. 语法错　　B. 该文字本身自带下划线

C. Word 字典中没有该单词　　D. 该处有附注

9. 当双击一个 Word 文档的文件名时(　　)。

A. 若 Word 还没有运行，则启动 Word，但不装入文档

B. 无法打开该文档

C. 装入该文档

D. 即使 Word 启动，还得通过打开菜单项打开这个文档

10. 在 Word 的下拉菜单中，在(　　)情况下，单击该命令会产生一个对话框。

A. 命令选项旁边出现图标按钮　　B. 命令选项之后带有省略号(…)

C. 命令选项后带有快捷键　　D. 以上都不是

11. 在 Word 中，当前正在编辑的文档的文档名显示在（　　）。
    A. 工具栏的右边　　B. 文件菜单中　　C. 标题栏　　D. 状态栏
12. 在编辑 Word 文档时，输入的新字符总是覆盖了文档中已存在的字符，则（　　）。
    A. 连按两次 <Insert> 键，可防止覆盖发生
    B. 原因是当前文档正处于插入的编辑方式
    C. 原因是当前文档正处于改写的编辑方式
    D. 按<Del>键可防止覆盖发生
13. 在 Word 编辑时，英文文字下面有绿色波浪下画线表示（　　）。
    A. 已修改过的文档　　B. 对输入的确认
    C. 拼写可能错误　　D. 语法可能错误
14. 在 Word 中的一个文档共有 200 页，选择最快的方式定位于 112 页的方法是（　　）。
    A. 用垂直滚动条快速移动文档定位于第 112 页
    B. 用【定位】对话框定位于第 112 页
    C. 用向下或向上箭头定位于第 112 页
    D. 用<PageDown>或<PageUp>定位于第 112 页
15. 在 Word 中，【打开】文档的作用是（　　）。
    A. 将指定的文档从内存中读入，并显示出来
    B. 为指定的文档打开一个空白窗口
    C. 将指定的文档从外存中读入并显示出来
    D. 显示并打印指定文档的内容
16. 在 Word 的编辑状态下，执行【剪切】命令后（　　）。
    A. 被选择的内容被复制到插入点处
    B. 被选择的内容被移动到剪贴板
    C. 插入点所在的段落内容被复制到剪贴板
    D. 被选择的内容被复制到剪贴板
17. 在 Word 中，【替换】对话框设定了搜索范围为向下搜索，若单击【全部替换】按钮，则（　　）。
    A. 从插入点开始向上查找并替换匹配的内容
    B. 从插入点开始向下查找并替换当前找到的内容
    C. 从插入点开始向下查找并全部替换匹配的内容
    D. 对整篇文档查找并替换匹配的内容
18. 在 Word 中，可以通过热键设置实现直接在中英文输入法中切换操作，正确的热键设置是（　　）键。
    A. <Ctrl> +< F1>　　B. <Ctrl> + <PageDown>
    C. <Ctrl> +空格　　D. <Ctrl>+ <Esc>
19. 在 Word 中，注册符、部首等字符是通过（　　）命令输出来的。
    A. 选择【插入】功能区中的【符号】命令选项
    B. 选择【插入】功能区中的【批注】命令选项

C. 选择【插入】功能区中的【分隔符】命令选项

D. 选择【插入】功能区中的【对象】命令选项

20. 在 Word 编辑菜单中,如果【剪切】和【复制】菜单命令呈灰色(　　)。

A. 说明剪贴板有内容,但不是 Word 能使用的内容

B. 【剪切】和【复制】命令永远不能被使用

C. 只有执行了【粘贴】命令后,【剪切】命令才能被使用

D. 只要对文档内容进行了选择之后,【剪切】和【复制】命令就可被使用

21. 在 Word 中,当出现下拉菜单时,便可以单击需要的命令。如果某个命令之后带有指向右方的三角(▶),单击该命令会产生(　　)。

A. 下一级联菜单　　B. 一个对话框

C. 直接的命令效果　　D. 以上都不对

22. 在 Word 中,可以看到页眉和页脚的【视图】方式是(　　)。

A. 普通视图　　B. 联机版式　　C. 页面视图　　D. 大纲视图

23. 在 Word 中,想用新名字保存文件应(　　)。

A. 单击工具栏的【保存】命令按钮

B. 单击【文件】菜单中的【保存】命令选项

C. 单击【文件】菜单中的【另存为】命令选项

D. 复制文件到新命名的文件中

24. 在 Word 中,打印一份合同要输出 3 份,正确的操作是(　　)。

A. 在打印“份数”里输入“3 份”

B. 在打印“份数”里输入“3”

C. 选择【人工双面打印】

D. 选择【打印到文件】

25. 在 Word 中,将剪贴板中的内容粘贴到某一位置的快捷键是(　　)。

A. <Ctrl>+ X　　B. <Ctrl> + C　　C. <Ctrl>+ V　　D. <Ctrl> + A

26. 在 Word 的编辑状态下,进行字体设置操作后,按新设置的字体显示的文字是(　　)。

A. 插入点所在段落中的文字　　B. 文档的全部文字

C. 插入点所在行中的文字　　D. 文档中被选择的文字

27. 在 Word 中,文档的视图模式会影响字符在屏幕上的显示方式,为了保证字符格式的显示与打印完全相同,应设定(　　)。

A. 大纲视图　　B. 普通视图　　C. 页面视图　　D. 全屏显示

28. Word 提供了 5 种显示文档的方式,所见即所得的显示效果的方式是(　　)。

A. 普通视图　　B. 页面视图　　C. 大纲视图　　D. 打印预览

29. 在 Word 中,使用标尺可以直接设置缩进,标尺的顶部三角形标记代表(　　)。

A. 左端缩进　　B. 右端缩进　　C. 首行缩进　　D. 悬挂式缩进

30. 在 Word 中,对已选中的文档内容进行分栏设置时,应选择(　　)。

A. 【插入】功能区中的【分隔符】命令选项,再选择【分栏符】命令选项

B. 【页面布局】功能区中的【页面设置】组中【分栏】命令

C. 【开始】功能区中的【分栏】命令选项

D. 【格式】功能区中的【分栏】命令选项

二、填空题

1. Word 是办公套装软件________中的一个组件。
2. 在 Windows 资源管理器中双击某个 Word 文档名，可以打开________，同时启动 Word。
3. 在 Word 中，文档窗口的左边有一列空列，称为选定栏，其作用是选定文本，其典型操作是当鼠标指针位于选定栏，单击鼠标左键，则________；双击鼠标左键，则________；三击鼠标左键，则________。
4. 在下拉菜单中有的命令之后带有一个省略号“…”，这表示执行此命令后在屏幕上还会显示相应的________要求用户回答。
5. 在 Word 中，水平标尺的有 4 个段落缩进标记，分别是________、________、________和________。
6. 功能区按钮命令提示右端带有如＜Ctrl＞＋N、＜Ctrl＞＋O 之类的组合键，那么这些组合键称为________。
7. Word 提供了________、________、________、________和________ 5 种文本对齐方式。

三、上机操作题

1. 制作如图 3-5 所示的“工作进度报告表”，要求掌握插入表格、合并和拆分单元格以及设置单元格的格式等知识。

工作进度报告表				
单位	工序	进度	完成日期	备注
一车间	铸模	100%	7.10	废品率 1%
	去毛刺	100%	7.15	
	热效处理	100%	7.22	
五车间	车外圆	100%	7.29	废品率 1.5%
	钻空	100%	8.6	
	攻螺纹	100%	8.10	
	热处理	100%	8.17	
三车间	磨外表面	100%	8.25	废品率 0.7%

图 3-5 工作进度报告表

2. 利用 Word 的绘图功能制作如图 3-6 所示的三色彩旗效果。

图 3-6 彩旗

要求掌握图形的绘制及常用操作、图形格式的设置，以及图形的变形等知识。

3. 图文混排

生命科学 -1-

微生物与人类健康

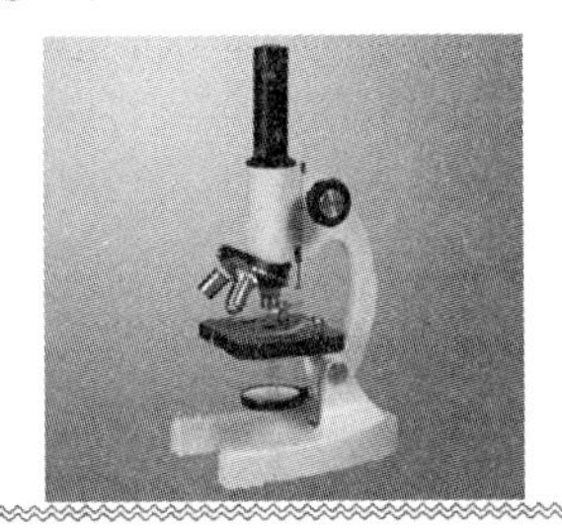

传染病[1]一直是威胁人类生存的大敌，传染病的根源就是一些致病的微生物在作怪。传染病曾给人类造成过空前浩劫。14 世纪时，鼠疫像“黑色妖魔”一样，猖獗于欧洲大陆，毁灭了不少城市，夺走了 2500 万人的生命，在世界史册上记下了阴森恐怖、令人毛骨悚然的一页。1918 年，西班牙发生的“流行性感冒”，很快蔓延到许多国家，死亡总人数竟达 2000 万人之多，超过第一次世界大战中死亡人数的 2 倍。

人所以会生病，固然与许多因素有关，但就传染病的病理病因来说，主要是由病原微生物、传染途径和人体抵抗力这三大因素组成的“发生环”所决定的。

作为引起传染病根源的病原菌，只有在其毒力大、数量多的情况下才能引起传染。在瞬息万变的生活环境里，每天向你袭击的病菌何止 10 亿、20 亿，那么，你是靠什么来保护自己的呢？如果说，健全的皮肤是阻挡多种病原菌侵袭的第一道防线的话，那么皮肤之外还有一些外围防线，能把某些病菌歼灭于“国门”之外。有人试验过，一滴泪水加入 2000 克清水，仍可以至少消灭一种细菌。因为泪水中含有溶菌酶，抗御细菌的功能极强。另外，唾液、鼻腔内的粘液都是人体的有效防线。

人类在到处布满微生物的世界上生活了几百万年，由于人学会了适应，所以才得以生存下来。但人类也不是不会得病，在一般情况下，人体的防御结构能够有效地防止病菌侵害，如果身体抗病能力差，敌不过病菌的连续进犯，人们就不得不借助于各种药物了。

[1] 传染病：是指由病体（如病菌、病毒、寄生虫）引起的、能在人与人之间或人与动物之间传播的疾病。

第4章　电子表格处理软件 Excel 2010

一、实训目的

✲ Excel 2010 的基本操作；
✲ 掌握数据的输入和公式函数的输入及使用；
✲ 掌握数据的格式化操作；
✲ 掌握工作表的修饰。

二、实验内容及基本要求：

1. 数据的录入

启动 Excel 2010，在“Sheet1”工作表 A1 单元开始的相应的区域中，输入如下数据(图 4-1)：

新建 Microsoft Excel 工作表

	A	B	C	D	E	F
1	编号	一月份	二月份	四月份	车间	
2	1001	3005	2345	2300	一车间	
3	2002	1050	1000	1100	二车间	
4	4004	2345	2200	2300	四车间	
5						
6						

图 4-1　输入工作表内容

注意:A2、A3、A4 单元格中的数据是字符而非数值,输入时应在数字前加“,”。

2. 单元格及数据的插入、删除、移动、复制、粘贴和选择性粘贴

(1) 将 E1、E2、E3、E4 单元格的内容“车间”、“一车间”、“二车间”和“四车间”移动到“编号”和“一月份”二列数据之间。

步骤 1:单击列标“B”,单击鼠标器右键,则弹出“快显菜单”,选择“快显菜单”中的【插入】命令,则插入了新的一列;

步骤 2:用鼠标器选取 F1:F4 区域,将鼠标光标移至该区域,右击弹出快捷菜单,选择【剪切】,将鼠标移至 B1 单元格,右击,在快捷菜单中选择【粘贴】,则 F1:F4 区域中的数据被移动到 B1:B4 区域中。

(2) 在“四月份”之前插入一列数据“三月份”(图 4-2),具体数据为:

三月份
1234
2341
1560

图 4-2　输入三月份内容

单击列标 E,选择【插入】菜单中的【列】命令,使二月份和四月份之间插入新的一列,在该列按实验要求输入数据。

(3) 在“二车间”和“四车间”两行之间插入如下(图 4-3)一行数据:

3003	三车间	2741	2743	1002	1006

图 4-3　输入三车间内容

单击行号 4,使第 4 行被选取,选择【插入】菜单中的【行】命令,在二车间和四车间插入新的一行,并在该行按实验要求输入数据。

(4) 删除 G1:G4 区域中的数据。

选取 G1:G4 区域,按<Del>键,删除该区域中的数据。

(5) 将 A1:F1 区域中的文字格式设置为“加粗”,然后将其格式复制到 B2:B5 区域。

步骤 1:选取 A1:F1 区域,单击“格式工具栏”中的“加粗”按钮。单击“常用工具栏”中的“复制”按钮;

步骤 2:选取 B2:B5 区域,选择【编辑】菜单中的【选择性粘贴】命令,则弹出【选择性粘贴】对话框,在该对话框内单击【格式】单选项,并单击【确定】按钮,如图 4-4 所示。

3. 重复操作,撤消和恢复操作

(1) 在 F2 单元格上方插入一个单元格,然后使用重复操作命令再插入一个单元格。

步骤 1:选取 F1 单元格,选择【插入】菜单中的【单元格】命令,则弹出【插入】对话框,在

新建 Microsoft Excel 工作表

	A	B	C	D	E	F
1	编号	车间	一月份	二月份	三月份	四月份
2	1001	一车间	3005	2345	1234	2300
3	2002	二车间	1050	1000	2341	1100
4	3003	三车间	2741	2743	1002	1006
5	4004	四车间	2345	2200	1560	2300
6						

图 4-4　复制单元格格式

对话框中选择【活动单元格下移】单选项，并单击【确定】按钮；

步骤 2：选择【编辑】菜单中的【重复插入单元格】命令，完成 F1 单元格上方插入两个单元格的操作。

(2) 使用【常用工具栏】中的有关命令按钮撤消前两项操作。

两次单击【常用工具栏】中的撤消按钮，使插入单元格前的状态还原。

(3) 将 A2：A5 区域中的字符加粗，观察后撤消加粗，观察后再恢复加粗。

选取 A2：A5 区域，单击【格式工具栏】中的【加粗】按钮。单击【常用工具栏】中的【撤消】按钮。单击【常用工具栏】中的【恢复】按钮。

4. 系列数据的自动填充及自定系列数据

(1) 使用自动填充柄在 A7：H7 域中输入等差数列 3、6、9、12、15、18、21、24。

在 A7、B7 单元格内分别输入 3 和 6，选取 A7、B7 两个单元格，拖曳 B7 单元格右下方的自动填充柄至 H7 单元格，完成了等差数列的自动填充。

(2) 使用自动填充柄在 A8：G8 区域中输入日期星期一、星期二、星期三、星期四、星期五、星期六、星期日。

在 A8 单元格内输入星期一，拖曳 A8 单元格右下方的“自动填充柄”至 G8 单元格，完成自“星期一”至“星期日”系列数据的自动填充。

(3) 使用自动填充柄在 A9：D9 区域中输入一车间、二车间、三车间、四车间。

步骤 1：选择【工具】菜单中的【选项】命令，在【选项】对话框选择【定义】选项卡，在对话框的【输入序列栏】内输入一车间、二车间、三车间、四车间，单击【添加】按钮；

步骤 2：单击确定按钮，关闭对话框，在 A9 单元格内输入一车间，拖曳 A9 单元格右下方的自动填充柄至 D9 单元格，完成自定义系列数据的输入。

5. 数据的查找替换

将 sheet1 工作表中的所有“车间”替换成“部门”。

步骤 1：选择【编辑】菜单中的【替换】命令，弹出【替换】对话框；

步骤 2:在该对话框的【查找内容】栏内输入:车间;在【替换成】栏内输入:部门;

步骤 3:【搜索方式】选择【按行】,单击【全部替换】按钮,完成替换操作。

6. 输入数据

在“Sheet2”工作表 A1 单元开始的相应的区域中,输入如下数据(图 4-5)。

新建 Microsoft Excel 工作表

	A	B	C	D	E	F	G
1	车间	一月份	二月份	三月份	合计	平均	
2	一车间	3005	2345	2300			
3	二车间	1050	1000	1100			
4	三车间	2741	2743	4006			
5	四车间	2345	2200	2300			
6							

图 4-5　输入工作表内容

7. 公式的使用和公式中单元格的引用及工作表的引用

(1) 在 E2 单元格输入下列公式:=B2+C2+D2,并将该公式复制到 E3、E4、E5 单元格中。观察随着公式被复制到不同位置,公式内容及公式值所发生的变化。

步骤 1:选中 E2 单元格,输入:= B2+C2+D2,回车;

步骤 2:拖拽 E2 单元格的【自动选择填充柄】至 E5 单元格,观察 E2:E5 区域中的数据与 B2:D5 区域中数据的关系(如图 4-6);

新建 Microsoft Excel 工作表

	A	B	C	D	E	F	G
1	车间	一月份	二月份	三月份	合计	平均	
2	一车间	3005	2345	2300	7650		
3	二车间	1050	1000	1100	3150		
4	三车间	2741	2743	4006	9490		
5	四车间	2345	2200	2300	6845		
6							

图 4-6　相对引用后的自动填充

步骤 3:分别单击 E2、E3、E4、E5 单元格,观察单元格的值及编辑栏中的内容(公式内容)所发生的变化。

(2) 在 G2 单元格输入下列公式:=MYMBMYM2+MYMCMYM2+MYMDMYM2,并将该公式复制到 G3、G4、G5 单元格,观察随着公式被复制到不同位置,公式内容及公式值所发生的变化。

步骤 1:选中 G2 单元格,输入:=MYMBMYM2+MYMCMYM2+MYMDMYM2,回车;

步骤 2:拖曳 G2 单元格的“自动选择填充柄”至 G5 单元格,观察 G2:G5 区域中的数据与 B2:D5 区域中数据的关系(如图 4-7);

新建 Microsoft Excel 工作表

	A	B	C	D	E	F	G
1	车间	一月份	二月份	三月份	合计	平均	
2	一车间	3005	2345	2300	7650		7650
3	二车间	1050	1000	1100	3150		7650
4	三车间	2741	2743	4006	9490		7650
5	四车间	2345	2200	2300	6845		7650
6							

图 4-7　绝对引用后的自动填充

步骤 3：分别单击 G2、G3、G4、G5 单元格，观察单元格的值及编辑栏中的内容（公式内容）所发生的变化。

8. 函数的使用及公式的复制

（1）求出 Sheet2 工作表中各月份 1～4 车间的产值平均值。

步骤 1：在“Sheet2”工作表中单击 F2 单元格，单击【公式选项卡工具栏】中的【插入函数】按钮，弹出【插入函数】对话框，选择“AVERAGE”函数，并单击【确定】按钮（如图 4-8）；

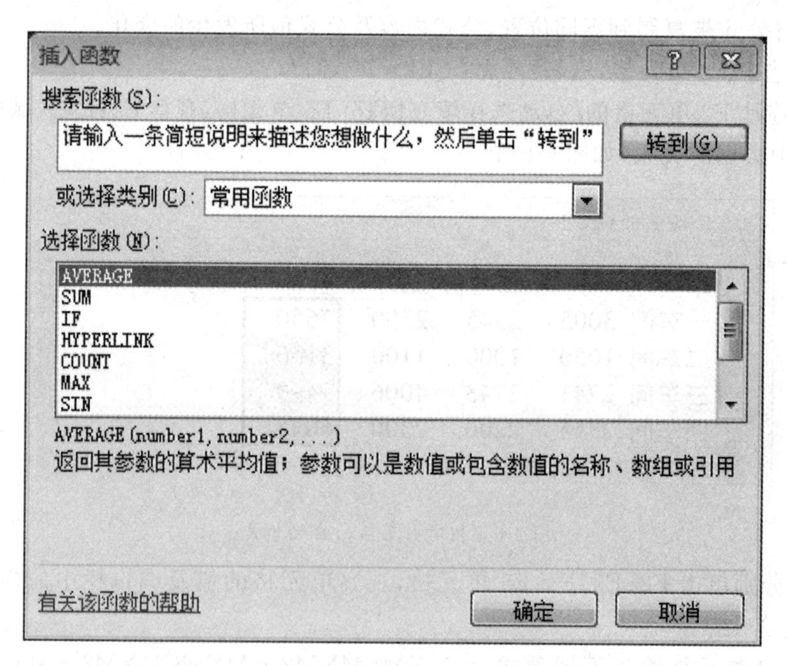

图 4-8　选择“AVERAGE”函数

步骤 2：在随后弹出的【AVERAG】对话框中，确认正确的参数区域为 B2:D2；

步骤 3：单击【确定】按钮，完成对一车间第一季度的产值平均值函数计算；

步骤 4：拖曳 F2 单元格右下方的“自动填充柄”至 F5 单元格，完成二、三、四车间平均产值计算（如图 4-9）；

新建 Microsoft Excel 工作表

	A	B	C	D	E	F	G
1	车间	一月份	二月份	三月份	合计	平均	
2	一车间	3005	2345	2300	7650	2550	
3	二车间	1050	1000	1100	3150	1050	
4	三车间	2741	2743	4006	9490	3163	
5	四车间	2345	2200	2300	6845	2282	
6							

图 4-9 自动填充平均值

步骤 5：分别选取 F2、F3、F4、F5 单元格，并观察编辑栏中函数的参数（即被引用区域）所发生的变化。

（2）求出第一季度各车间产值中的最大值，并将结果存放在 G10 单元格中。

步骤 1：单击 G10 单元格，使之成为活动单元格，选择【插入】菜单中的【函数】命令，弹出【粘贴函数】对话框；

步骤 2：选择【常用函数】中的“MAX”函数后单击【确定】按钮，在“MAX”对话框的“number1”栏内输入：B2：D5，单击【确定】按钮。

（3）求出第一季度各车间产值中的最小值，并将结果存放在 G16 单元格中。

9. 批注信息的复制、插入、删除及格式编辑

（1）在“Sheet3”工作表的 B5 单元格中插入如下批注信息：清华大学自动化系实验基地。

步骤 1：选取“Sheet3”工作表的 B5 单元格，使之成为活动单元格；

步骤 2：选择【审阅】中的【新建批注】，此时出现批注文本框，在该批注框内输入：清华大学自动化系统实验基地，点击「显示所有批注」，并单击工作表中任意空白单元格。

（2）将“Sheet3”工作表的 B5 单元格中的批注信息复制到 B4 单元格中。

步骤 1：选取“Sheet3”工作表的 B5 单元格，使之成为活动单元格；

步骤 2：单击【常用工具栏】中的【复制】按钮；

步骤 3：选取“Sheet3”工作表的 B4 单元格，使之成为活动单元格。选择【编辑】菜单中的【选择性粘贴】命令，弹出【选择性粘贴】对话框，如图 4-10；

步骤 4：选择其中的“批注”单选按钮，并单击【确定】按钮。

（3）删除 B5 单元格中的批注信息。

步骤 1：选取“Sheet3”工作表的 B5 单元格，使之成为活动单元格；

步骤 2：单击鼠标器右键，弹出“快显菜单”，从中选择【删除批注】命令，B5 单元格的批注被删除。

（4）对“Sheet3”工作表 B4 单元格中的批注信息进行格式设置，为标注文本设置双下划线，加粗，黑体，茶色。

步骤 1：选择“Sheet3”工作表的 B4 单元格，在上述“快显菜单”中选择【编辑批注】命令，此时批注文本框被激活；

步骤 2：选择【格式】菜单中的【批注】命令，弹出【设置批注格式】对话框；

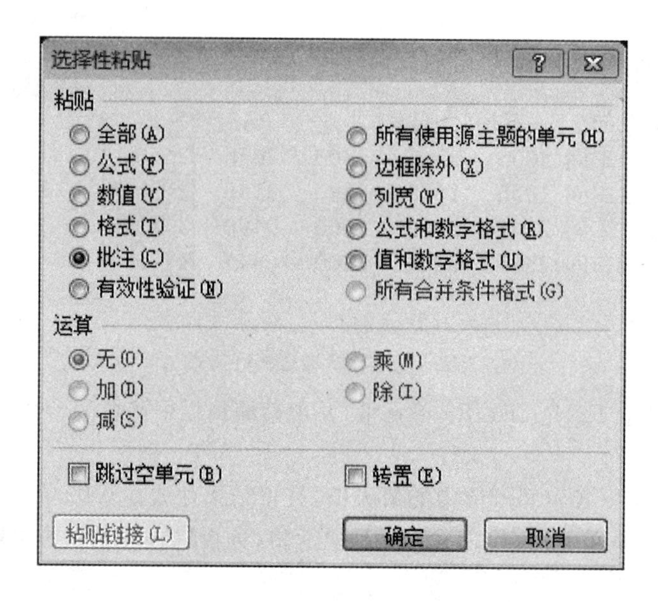

图 4-10 选择性粘贴对话框

步骤 3:在该对话框中分别选择按实验要求进行设置,如图 4-11,单击【确定】按钮,效果如图 4-12。

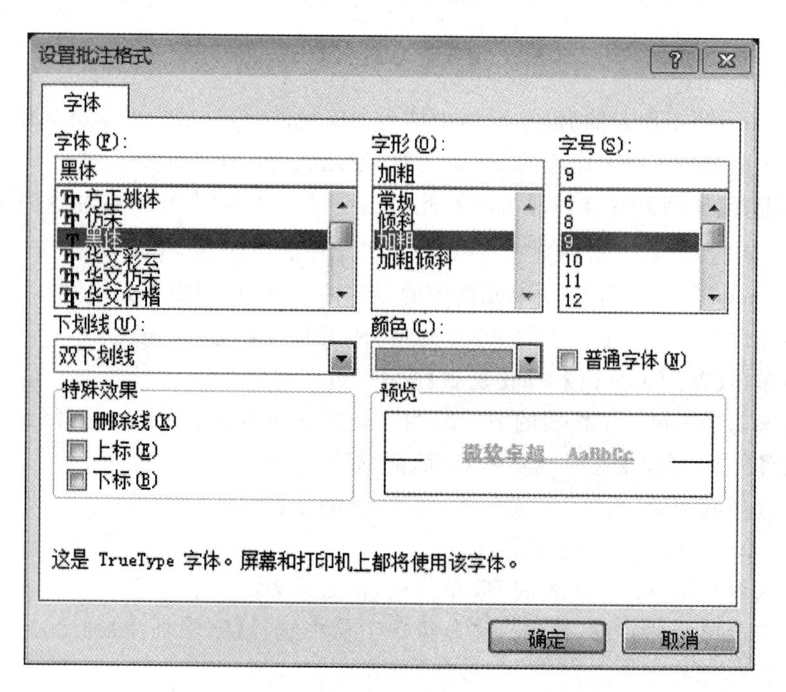

图 4-11 设置批注格式对话框

10. 单元格格式与数字格式的选取

新插入一个工作表 Sheet4,并在“Sheet4”工作表 A1 单元开始的相应的区域中,输入如下数据,如图 4-13:

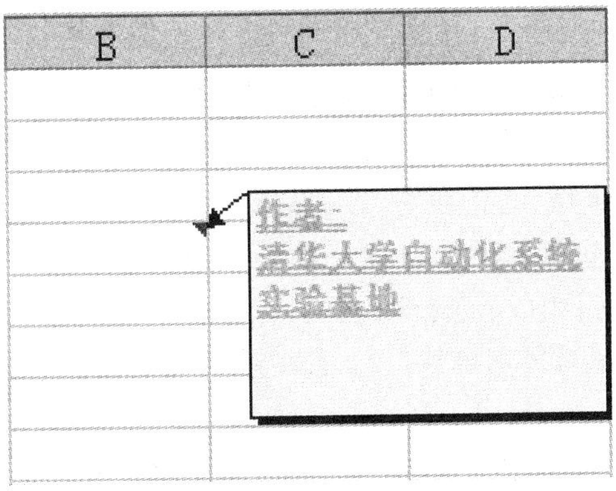

图 4-12 设置批注格式

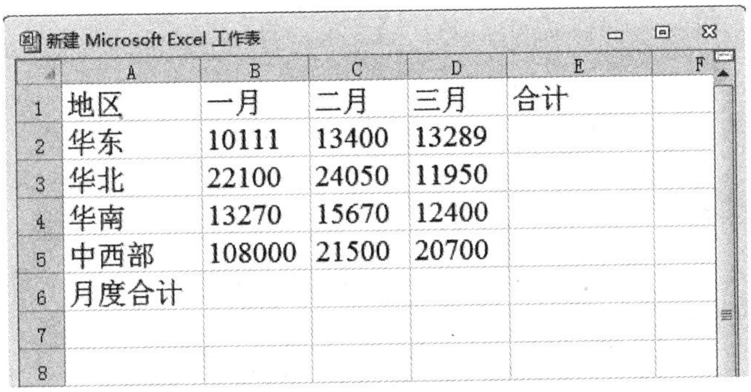

新建 Microsoft Excel 工作表

	A	B	C	D	E	F
1	地区	一月	二月	三月	合计	
2	华东	10111	13400	13289		
3	华北	22100	24050	11950		
4	华南	13270	15670	12400		
5	中西部	108000	21500	20700		
6	月度合计					
7						
8						

图 4-13 输入工作表内容

(1) 对销售报告中的所有数值数据采用“￥1,234.10”格式，并根据情况适当调整列宽。

步骤 1：选取 B2：D5 区域，选择【单元格】|【格式】菜单中的【单元格】命令，弹出【单元格格式】对话框；

步骤 2：在【单元格格式】对话框中单击【数字】选项卡，按实验要求设置相应的数值格式；

步骤 3：单击【确定】按钮，关闭对话框；

步骤 4：选取 B2：D5 区域，选择【单元格】|【格式】菜单中的【单元格大小】选项卡，再选择【自动调整列宽】子命令。

(2) 求出各地区一～三月的销售合计值，合计值要求四舍五入保留 1 位小数。

步骤 1：选取 B2：E2 区域，单击【常用工具栏】中的【自动求和】按钮 Σ 自动求和，求出华东地区 一～三月的销售合计值，其结果在 E2 单元格中；

步骤 2：单击 E2 单元格，使其成为活动单元格，拖曳 E2 单元格的“自动填充柄”至 E5 单元格，求出其他地区一～三月的销售合计值；

步骤 3：选取 E2：E5 区域，选择【格式】菜单中的【单元格】命令，在【设置单元格格式】对话框中选择“数字”选项卡；

步骤 4：在对话框中，将“小数点后位数”设置为“1”，单击【确定】按钮，关闭对话框。

11. 边框和底纹图案的设置，格式的自定义和格式的复制、删除

(1) 对“Sheet4”工作表中的 A1:E6 区域增加如下格式的边框线：外框为最粗实线，内框为最细实线，线条的颜色为红色。

步骤 1：选取 A1:E6 区域，右键单击，在快捷菜单中选择【设置单元格格式】，在【设置单元格格式】对话框中选择【边框】选项卡；

步骤 2：在【边框】选项卡中，单击【颜色】栏的下拉列表按钮，选择“红色”，将【外边框】设置为最粗单线，【内部】设置为最细单线，单击【确定】按钮，关闭对话框。

(2) 将“Sheet4 工作表的 A1:E1 区域的底纹颜色设置为绿色。

步骤 1：在“Sheet4”工作表中选取 A1:E1 区域，单击【常用工具栏】中的【填充色】按钮旁的下拉按钮；

步骤 2：在【颜色】下拉列表中选择“绿色”。

(3) 将 B6 单元格的数据格式自定义为“￥JHJ,JHJJHJ0.0_);(￥JHJ,JHJJHJ0.0)”格式。

步骤 1：选取 B6 单元格，在“快显菜单”中选择【设置单元格格式】命令；

步骤 2：在【单元格格式】对话框中选择【数字】选项卡；

步骤 3：在【分类】栏内选择【自定义】，在【类型】栏内按实验要求定义格式，单击【确定】按钮。

(4) 将 B6 单元格的数据格式复制到 C6、D6 单元格。

步骤 1：选取 B6 单元格，单击【常用工具栏】中的【格式刷】按钮；

步骤 2：用“刷子”光标选取 C6:D6 区域，结果如图 4-14 所示。

新建 Microsoft Excel 工作表

	A	B	C	D	E	F
1	地区	一月	二月	三月	合计	
2	华东	¥10,111.00	¥13,400.00	¥13,289.00	¥36,800.0	
3	华北	¥22,100.00	¥24,050.00	¥11,950.00	¥58,100.0	
4	华南	¥13,270.00	¥15,670.00	¥12,400.00	¥41,340.0	
5	中西部	¥108,000.00	¥21,500.00	¥20,700.00	¥150,200.0	
6	月度合计	¥153,481.0	¥74,620.0	¥58,339.0		
7						

图 4-14 设置后的效果

Excel表格的数据管理

一、实训目的

- 掌握数据列表的排序和筛选；
- 掌握数据的分类汇总；
- 掌握数据转化成图表的操作。

二、实训内容和过程

1. 数据列表的筛选

启动 Excel 2010，并在在“Sheet1”工作表 A1 单元开始的相应的区域中，输入如下数据，如图 4-15。

实训10素材

	A	B	C	D	E	F	G	H
1	姓名	性别	职称	基本工资	工龄	职务津贴	奖金	
2	罗瑞维	女	副教授	150	20	300	100	
3	史杭美	女	讲师	138	16	200	50	
4	李明	男	教授	200	25	350	150	
5	王小平	男	助教	100	5	150	30	
6	黄容	女	讲师	140	18	230	70	
7	赵伟	男	教授	250	35	450	200	
8								
9								

图 4-15　输入表格内容

(1) 增加如下一条记录：朱依群、女、讲师、162.00、19、202.00、55.00。

在“Sheet1”中选择 A8 单元格，输入该记录中的各项数据。

(2) 查询职称为教授的所有记录；重新设立条件，查询性别为女且工龄小于 20 的所有记录。

步骤 1：选中任一数据单元格，在【编辑】选项卡中点击排序与筛选按钮，在下拉框中选择【筛选】；

步骤 2：点击“职称”列旁的筛选按钮，勾选“教授”，点击【确定】，显示出职称为教授的所有记录；

步骤 3:点击撤销操作按钮；

步骤 4:在“性别”列的筛选框中勾选“女”,在“工龄”筛选框中选择【数字筛选】|【小于】,如图 4-16 所示,填上 20,点击【确定】,结果如图 4-17 所示。

图 4-16　自定义自动筛选方式对话框

实训10素材

	A	B	C	D	E	F	G
1	姓名	性别	职称	基本工资	工龄	职务津贴	奖金
3	史抗美	女	讲师	138	16	200	50
6	黄容	女	讲师	140	18	230	70
8	朱依群	女	讲师	162	19	202	55
9							

图 4-17　性别为女且工龄小于 20 的结果

2. 数据排序操作

(1) 使用工具栏中的排序命令按钮将数据列表中的记录分别以“基本工资”降序重排和升序重排。

步骤 1:选中数据列表中的“基本工资”字段名单元格；

步骤 2:单击【常用工具栏】中的【降序】按钮,观察数据列表中记录的排列情况；

步骤 3:单击【单用工具栏】中的【升序】按钮,观察数据列表中记录的排列情况；

步骤 4:分别选择【编辑】菜单中的【撤消排序】和【恢复排序】命令,观察数据列表中记录的排列情况,思考此时【撤消排序】和【恢复排序】命令的作用是什么。

(2) 使用菜单命令将数据列表中的记录以“奖金”升序重排。

步骤 1:单击数据列表中任一数据单元格,选择【数据】菜单中的【排序】命令,出现【排序】对话框；

步骤 2:在【主要关键字】栏内选择“奖金”,选择【递增】单选按钮,单击【确定】按钮,观察数据列表中记录的排列情况。

(3) 将数据列表中的记录以“基本工资”为主关键字,“工龄”为次关键字排序,两者均按递减顺序。

步骤1：单击表中任一数据单元，选择【数据】菜单中的【排序】命令，如图4-18所示；

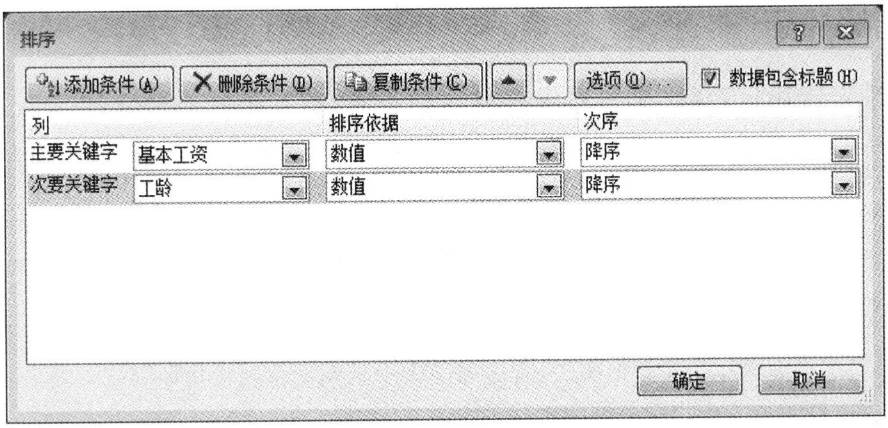

图4-18　“排序”对话框

步骤2：在“排序”对话框的“主要关键字”栏内选择“基本工资”，并选择【递减】，在“次要关键字”栏内选择“工龄”，并选择【递减】，在【排序】对话框中选择【数据包含标题】；

步骤3：单击【确定】按钮，观察数据列表中记录的排列情况。

3. 对上述数据列表中的记录进行分类汇总

(1) 在数据列表中按职称字段作分类汇总，统计出各个职称类别的人数。

步骤1：以“职称”字段升序排列数据列表，选择【数据】菜单中的【分类汇总】命令，出现“分类汇总”对话框；

步骤2：在【分类字段】列表框中选择“职称”字段，在【汇总方式】列表框中选择“计数”，在【选定汇总项】列表框中选择“职称”字段，并取消其它字段的选择；

步骤3：单击【确定】，则完全分类汇总操作。

(2) 在以上所作的分类汇总表的基础上嵌套汇总职务津贴和奖金的平均值。

步骤1：选取表中任一单元格，打开【分类汇总】对话框，取消【替换当前分类汇总】项的选择；

步骤2：在【分类字段】列表框中选择“职称”字段，在【汇总方式】列表框中选择“平均值”，在【选定汇总项】列表框中选择“职务津贴”、“奖金”字段并取消“职称”字段的选择；

步骤3：单击【确定】，则完成嵌套分类汇总表的制作。

(3) 用分级显示建立摘要报告。

步骤1：分别单击分级显示区域顶部的编号按钮“1”、“2”、“3”、“4”，注意观察屏幕变化；

步骤2：分别单击各级的“—”，注意观察屏幕变化；

步骤3：分别单击各级的“＋”，注意观察屏幕变化。

(4) 删除分类汇总。

选择【数据】菜单中的【分类汇总】命令，选择【分类汇总】对话框中的【全部删除】命令按钮。

练习题

一、单项选择题(请将正确答案填在指定的答题栏内,否则不得分)

题号	1	2	3	4	5	6	7	8	9	10
答案										
题号	11	12	13	14	15	16	17	18	19	20
答案										

1. 对工作表建立的柱状形图表,若删除图表中某数据系列柱状形图(　　)。
   A. 则数据表中相应的数据不变
   B. 则数据表中相应的数据消失
   C. 若事先选定与被删除柱状形图相应的数据区域,则该区域数据消失,否则保持不变
   D. 若事先选定与被删除柱状形图相应的数据区域,则该区域数据不变,否则保持消失
2. 在打印工作表前就能看到实际打印效果的操作是(　　)。
   A. 工作表编辑窗口所显示的就是打印效果
   B. 分页预览
   C. 按 n 键
   D. 打印预览
3. Microsoft Excel 包含四种类型的运算符,它们是(　　)。
   A. 算术运算符、时间运算符、比较运算符和引用运算符。
   B. 算术运算符、比较运算符、文本运算符和万能运算符。
   C. 算术运算符、比较运算符、单元运算符和引用运算符。
   D 算术运算符、比较运算符、区域运算符和引用运算符。
4. 在 Excel 2010 的当前工作表 Sheet 1 中进行数据筛选,条件区域为工作簿 ABC. XLS 中 Sheet2 工作表的 A1:D5 区域,工作簿 ABC. XLS 与当前工作簿在同一文件夹下,则指定的条件区域为:(　　)。
   A. [ABC]Sheet2! MYMAMYMl:MYMDMYM5
   B. Sheet2! MYMAMYM1:MYMDMYM5
   C. [ABC]Sheet2! A1:D5
   D. Sheet2! AI:D5
5. 最小的行高是(　　)。
   A. 默认值　　　　B. 与输入内容多少有关
   C. 0　　　　D. 与输入内容类型有关
6. 当图表处于选定状态时,在图表的周围会出现(　　)。
   A. 带手柄的细黑边框　　　　B. 灰色粗线边框
   C. 带手柄的粗的黑线边框　　　　D. 细的移动虚线边框

7. Excel 图表是动态的，当在图表中修改了数据系列的值时，与图表相关的工作表中的数据(　　)。

A. 出现错误值　　B. 不变
C. 自动修改　　D. 用特殊颜色显示

8. 图表工具栏中，斜排文字向下是指(　　)。

A. 所选文字向下旋转 30 度
B. 所选文字向下旋转 45 度
C. 所选文字向下旋转 60 度
D. 所选文字向下旋转，度数自己可以设定

9. 在工作表中插入行时，Excel(　　)。

A. 覆盖插入点处的行　　B. 将插入点处上方的行上移
C. 将插入点处下方的各行顺序下移　　D. 无法进行行的插人

10. 如果在工作簿中既有一般工作表又有图表，当执行"文件"菜单中的"保存"命令时，Excel 将(　　)。

A. 只保存其中的工作表
B. 只保存其中的图表
C. 把一般工作表和图表保存到一个文件中
D. 把一般工作表和图表分别保存到两个文件中

11. 将 B1 单元中的公式＝Al—A2 复制到 D1 单元中之后，D1 单元中的公式是(　　)。

A. ＝Al－A2　　B. ＝C1－C2　　C. 只有数据　　D. 出现错误

12. 设区域 B1:B20 已输入数值型数据，为在区域 D1:D20 的单元 Bi 中计算区域 B1:Bi (i=1,2,…,20)的各单元中数值之和，应在单元 D1 中输入公式(　　)，然后将其复制到区域 D2:D20 中即可。

A. ＝SUM(BMYM1:BMYMl)
B. ＝SUM(MYMBMYM1:BMYMl)
C. ＝SUM(BMYM1:B1)
D. ＝SUM(MYMBMYM1:MYMBMYM1)

13. 不能对数据表排序的操作是(　　)。

A. 单击数据区外任一单元格，然后单击工具栏中的"升序"或"降序"按钮
B. 选定要排序的数据区域，然后单击工具栏中的"升序"或"降序"按钮
C. 选定要排序的数据区域，然后使用"数据"菜单中的"排序"命令
D. 选定要排序的数据区域，然后使用"编辑"菜单中的"排序"命令

14. 高级筛选的条件区域在(　　)。

A. 数据表的前几行
B. 除数据区之外的数据表中任意一个单元格
C. 数据表中间某单元格
D. 数据表的后几行

15. 用筛选条件"第四季度＞150 与总计＞400"对销售数据表进行筛选后，在筛选结果中都是(　　)。

A. 总计＞400 的记录

B. 第四季度销售额＞150 的记录

C. 第四季度销售额＞150 或总计＞400 的记录

D. 第四季度销售额＞150 且总计＞400 的记录

16. 在 Excel 中，选定某单元格后单击“复制”按钮，再选中目的单元格后单击“粘贴”按钮，此时被粘贴的是单元格中的(　　)。

A. 全部信息　　B. 数值和格式　　C. 格式和公式　　D. 格式和批注

17. 在 Excel 中，对数据库进行条件筛选时，下面关于条件区域的叙述中错误的是(　　)。

A. 条件区域必须有字段名行

B. 条件区域不同行之间进行“或”运算

C. 条件区域中可以包含空行或空列，只要包含的单元格中为“空”

D. 条件区域不同列之间进行“＞”运算

18. 在 Excel 中，关于“筛选”的正确叙述是(　　)。

A. 自动筛选的条件只能是一个，高级筛选的条件可以是多个

B. 如果所选条件出现在多列中，并且条件中有“与”的关系，必须使用高级筛选

C. 自动筛选和高级筛选都可以将结果筛选至另外的区域中

D. 不同字段之间进行“或”运算的条件必须使用高级筛选

19. 在 Excel 中，下面关于分类汇总的叙述错误的是(　　)。

A. 汇总方式只能是求和

B. 分类汇总前必须按关键字段排序数据库

C. 分类汇总的关键字段只能是一个字段

D. 分类汇总可以被删除，但删除汇总后排序操作不能撤消

20. 下列有关 Excel 的陈述中正确的是(　　)。

A. 使用填充命令时，只能按等比数列进行填充

B. 数据库统计函数与其所引用的条件区域必须在同一张工作表中

C. 高级筛选的条件区域在某些情况下可以为空

D 可以撤销对一个文档进行的所有操作

二、填空题

1. 在 Excel 中删除工作表中对图表有链接的数据时，图表将________。
2. 在 Excel 图表中的大多数图表项可被移动或________。
3. 一般情况下，在 Excel 中，每张工作表由________个单元格组成。
4. 在 Excel 中公式中参数的前后必须成对出现圆括号，括号的________有空格。
5. 在 Excel 中系统默认的图表类型是________。
6. Excel 中文版的主要功能体现在以下三个方面：电子表格、________、数据库。
7. 在 Excel 中的清单中的________，称之为“标题行”
8. 在 Excel 中活动单元格是指________的单元格。
9. 在 Excel 中当操作数(单元格)发生变化时，公式的运算结果________。
10. 在 Excel 中________运算符可以完成基本的数学运算。

第 5 章　演示文稿制作软件 PPT 2010

演示文稿的创建、修改和保存

一、实训目的

- ✻ 掌握 PowerPoint 2010 启动与退出；
- ✻ 熟悉 PowerPoint 2010 的工作界面；
- ✻ 熟悉 PowerPoint 2010 五种视图模式的使用；
- ✻ 熟练掌握 PowerPoint 2010 演示文稿的创建、修改和保存。

二、实训内容和过程

按下列要求创建演示文稿，结果可参见 fl. pptx。

1. 启动 PowerPoint 2010

2. 创建一个演示文稿并添加多张空白幻灯片

启动 PowerPoint 2010 后，首先显示的是软件的启动画面，接下来打开的窗口便是工作界面。如图 5-1 所示。

默认状态下，在新建的空白演示文稿中只有一张幻灯片，而一篇演示文稿通常需要使用多张幻灯片来表达需要演示的内容，这时就需要在演示文稿中添加新的幻灯片。

在【开始】选项卡的【幻灯片】组中，单击【新建幻灯片】按钮右下方的下拉按钮，在弹出的下拉列表中选择需要的幻灯片版式，如图 5-2 所示，例如选择“空白”版式，在第 1 张幻灯片的后面即可添加一张“空白”版式的新幻灯片。

按同样的操作方式再添加四张空白幻灯片。

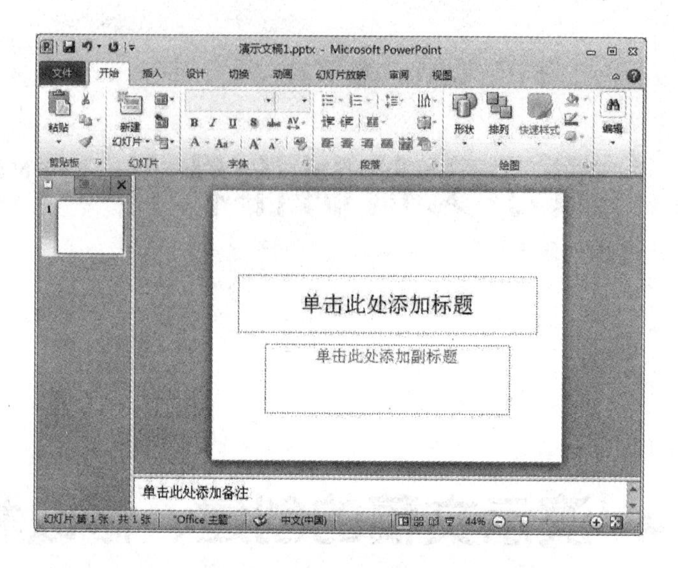

图 5-1 PPT 工作界面

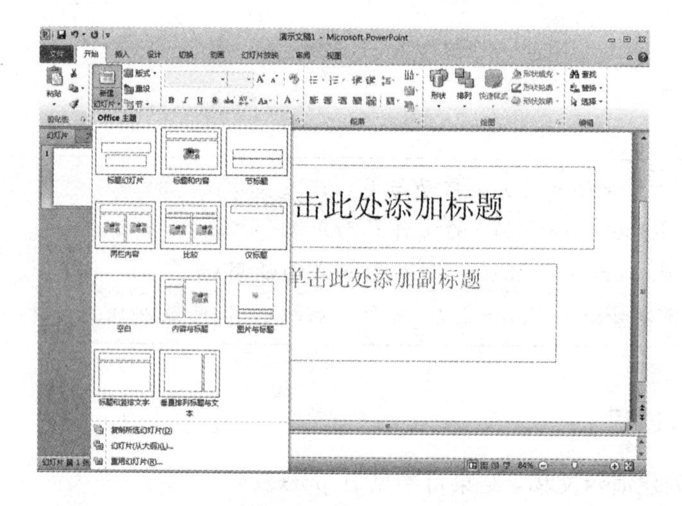

图 5-2 幻灯片版式

3. 向幻灯片中添加文字信息

对幻灯片的操作遵循“先选择，后操作”的原则。

在视图窗格的【幻灯片】选项卡中，单击第一张幻灯片的缩略图，可选中该幻灯片，同时会在幻灯片编辑区中显示该幻灯片。

在启动 PowerPoint 之后，我们所看到的两个虚线框称为占位符，占位符通常对预输入的文字或图形预留位置，虚线框内通常提示“单击此处添加标题”、“单击此处添加副标题”等提示信息。

单击文本占位符，提示文字会自动消失，此时便可以在虚线框内输入相应的内容，在幻灯片中输入文字信息后，PowerPoint 会根据占位符框的大小自动调整文字的大小。

用鼠标选中第一个占位符，在其中输入文字“常用多媒体外设介绍”，再用鼠标选中第二个占位符，在其中换行输入文字“扫描仪”、“数码相机”、“移动硬盘”、“数字摄像头”、“MP4”。

当然，也可以删除占位符通过插入文本框的方式来输入文字信息，其方法是先切换到【插入】选项卡，再单击【文本】组中的【文本框】按钮，在幻灯片编辑区用鼠标拖动一个矩形区域，然后在其中输入文字信息即可。

第一张幻灯片文字信息输入完毕后，在其它五张幻灯片中分别输入“扫描仪”、“数码相机”、“移动硬盘”、“数字摄像头”、“MP4”的具体介绍文字信息。

4. 向幻灯片中插入图片

首先选中要插入图片的幻灯片，例如第二张幻灯片。

在【插入】选项卡的【图像】组中单击【图片】按钮，在弹出的“插入图片”对话框中选择需要插入的图片，如图 5-3 所示，然后单击【插入】按钮即可。

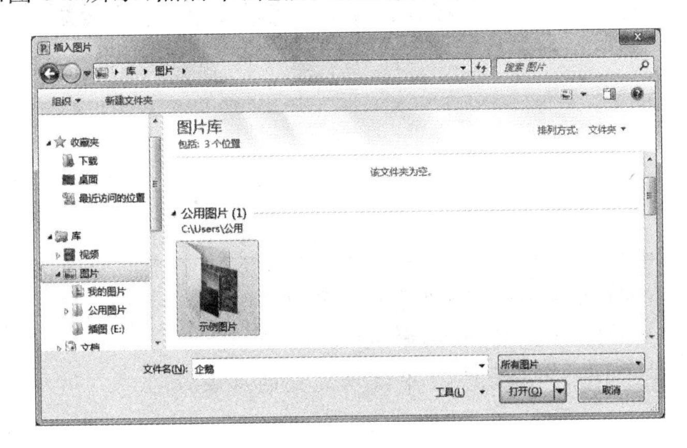

图 5-3　插入图片

然后，在第三到第六张幻灯片中分别插入一张图片。

5. 保存演示文稿

单击快速访问工具栏中的【保存】按钮，在弹出的【另存为】对话框中设置演示文稿的保存位置、保存文件名及保存类型，如图 5-4 所示，然后单击【保存】按钮即可。保存的演示文稿扩展名为. pptx。

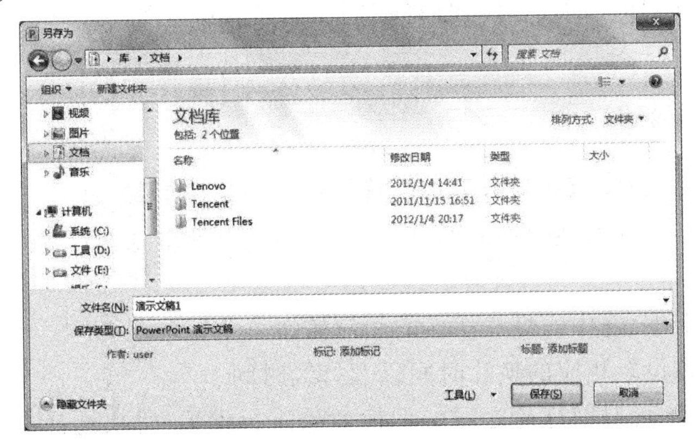

图 5-4　保存演示文稿

为了防止因计算机意外断电或死机等导致的文稿信息内容丢失，对已经保存过的演示文稿在进行修改、重排等操作过程中应该及时保存该演示文稿。单击快速访问工具栏中的【保存】按钮，或单击【文件】选项卡中的【保存】命令，或按＜Ctrl＞＋S 快捷键都可以将当前演示文稿按原文件位置和文件名保存。

实训12 幻灯片的动画效果

一、实训目的

✲ 掌握 PowerPoint 2010 中动画的设置方法；
✲ 熟悉 PowerPoint 2010 中声音的设置方法；
✲ 熟练掌握 PowerPoint 2010 中演示文稿的放映设置。

二、实训内容：

1. 创建动画效果

打开演示文稿，选择要设置动态效果的文本或者对象的幻灯片。

选择【动画】选项卡，选中其中的某个动作按钮，同时设置相应的动画效果。

在【高级动画】选项里，可以设置动画的触发方式、添加动画等进行设置。

选中已设置好动画的对象，在【计时】选项卡中，可以对动画进行重新排序、延时、持续时间等进行设置。

2. 幻灯片切换效果

打开演示文稿，在【视图】选项卡下，选中【幻灯片浏览视图】按钮。

选中需要设置幻灯片切换效果的幻灯片，如果需要选择多张幻灯片，可以按住＜Shift＞或＜Ctrl＞键。

在【切换】选项卡下，选中幻灯片切换的相应按钮。

在【计时】中可以设置相应的换片时间以及持续时间。

在【效果选项】下，可对幻灯片之间的切换效果进行设置，每次选择一个效果时，会示范相应的切换效果。

3. 声音的设置

从“声音”列表框中选择需要添加的声音，则可以在幻灯片演示的过程中播放声音。

打开演示文稿，选中某张幻灯片作为当前幻灯片。

选择【插入】选项卡下，在【媒体】下选中【音频】。

通过【插入音频】对话框查找所需的声音文件 。

4. 放映设置

打开演示文稿，选中【幻灯片放映】选项卡，选择其中的【设置放映方式】，出现【设置放映方式】对话框，如图 5-5 所示。

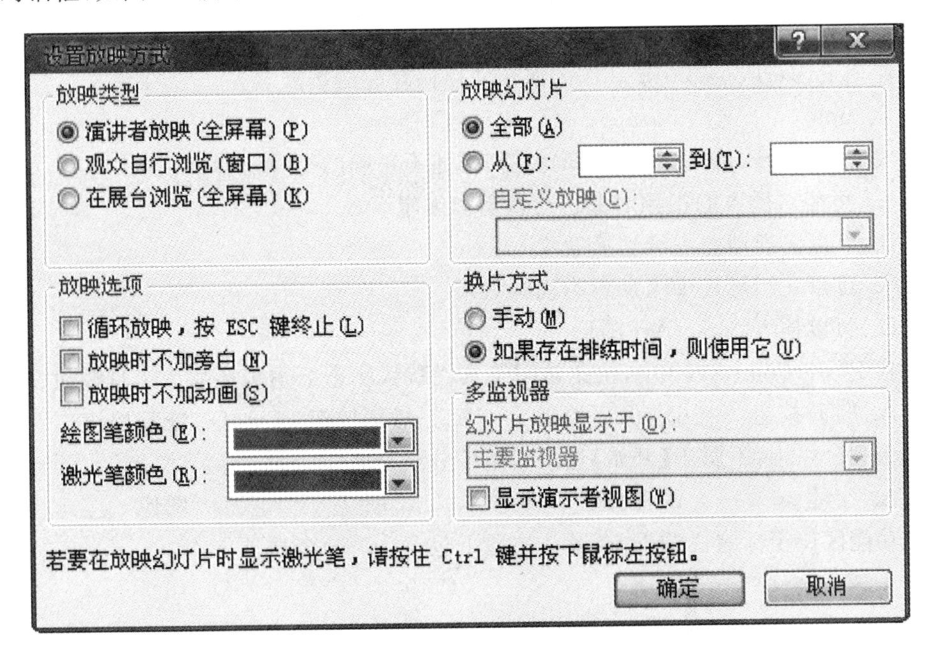

图 5-5　放映设置

如果让观众放映，则选择【放映类型】栏中的【观众自行浏览】单选按钮。如果自动运行演示文稿，则选择【在展台浏览】单选按钮。需要循环放映，则单击【放映类型】栏中的【循环放映】，按【Esc 键终止】复选按钮。

如果不是从第一张幻灯片开始放映，则单击【放映幻灯片】栏中的【从…到…】单选按钮，在文本框中输入开始幻灯片和末尾幻灯片的编号。

在【换片方式】选项组中指定幻灯片放映时所采用手动换片，还是采用定时自动换片。

如果计算机连接多个显示输出设备，可以选择【多监视器】栏中的【幻灯片放映显示于】选择某个显示输出设备。

单击【确定】按钮，即可完成幻灯片的放映设置。

练习题

一、单项选择题(请将正确答案填在指定的答题栏内,否则不得分)

题号	1	2	3	4	5	6	7	8	9	10
答案										
题号	11	12	13	14	15	16	17	18	19	20
答案										
题号	21	22	23	24	25	26	27	28	29	30
答案										

1. 使用 PowerPoint 2010 制作的演示文稿保存时的扩展名是(　　)。
   A. ppt　　B. pptx　　C. pow　　D. png
2. 关于 PowerPoint 2010 的新增功能,描述不正确的是(　　)。
   A. 可能对插入的视频对象进行裁剪和编辑
   B. 可以实现动态三维切换效果
   C. 可以在幻灯片中添加各类动画效果
   D. 可以插入 SmartArt 图形
3. 在 PowerPoint 2010 中,快速访问工具栏默认状态下不包括哪个工具按钮(　　)。
   A. 打开按钮　　B. 保存按钮　　C. 撤消按钮　　D. 恢复按钮
4. 下列分组中,不属于【开始】选项卡里的分组是(　　)。
   A. 字体　　B. 段落　　C. 绘图　　D. 图像
5. 功能区位于标题栏的下方,默认情况下包含(　　)个选项卡。
   A. 7　　B. 8　　C. 9　　D. 10
6. PowerPoint 2010 提供了五种视图模式,最常使用的视图模式是【幻灯片视图】和(　　)。
   A. 普通视图　　B. 备注页视图
   C. 幻灯片放映视图　　D. 阅读视图
7. 在空白幻灯片中不可以直接插入(　　)。
   A. 艺术字　　B. 公式　　C. 文字　　D. 文本框
8. 下列有关幻灯片和演示文稿的说法中不正确的是(　　)。
   A. 一个演示文稿文件可以不包含任何幻灯片
   B. 一个演示文稿文件可以包含一张或多张幻灯片
   C. 幻灯片可以单独以文件的形式存盘
   D. 幻灯片是 PowerPoint 中包含文字、图形、图表、声音等多媒体信息的图片
9. 新建一个演示文稿时第一张幻灯片的默认版式是(　　)。
   A. 项目清单　　B. 两栏文本　　C. 标题幻灯片　　D. 空白
10. 在 PowerPoint 2010 中,若为幻灯片中的对象设置【旋转】效果,应切换到(　　)。
    A. 设计选项卡　　B. 切换选项卡　　C. 动画选项卡　　D. 插入选项卡

11. 在 PowerPoint 2010 中，如果要设置文字超级链接，可以先切换【插入】选项卡，然后单击(　　)组里的【超链接】。
　A. 图像　　B. 插图　　C. 链接　　D. 媒体

12. 关于幻灯片动画效果，说法不正确的是(　　)。
　A. 可以为动画效果添加声音　　B. 可以进行动画效果预览
　C. 可以调整动画效果顺序　　D. 同一个对象不可以添加多个动画效果

13. 在以下几种 PowerPoint 视图中，能够添加和显示备注文字的视图是(　　)。
　A. 普通视图　　B. 阅读视图
　C. 幻灯片浏览视图　　D. 幻灯片放映视图

14. 在【幻灯片浏览视图】模式下，不允许进行的操作是(　　)。
　A. 幻灯片移动　　B. 幻灯片复制　　C. 幻灯片删除　　D. 幻灯片切换

15. 在幻灯片中可以插入一些基本形状，如果要绘制正方形在鼠标拖动时应同时按下(　　)。
　A. <Ctrl>键　　B. <Alt>键　　C. <Shift>键　　D. <Delete>键

16. 改变形状对象的大小时，按下<Shift>时出现的结果是(　　)。
　A. 以形状对象的中心为基点进行缩放
　B. 以形状对象的比例改变图形的大小
　C. 只有形状对象的高度发生变化
　D. 只有形状对象的宽度发生变化

17. 模板文件的扩展名为(　　)。
　A. PPTS　　B. PPS　　C. POT　　D. HTML

18. 在幻灯片浏览视图中，选择多张不连续的幻灯片，应按(　　)。
　A. <Shift>键　　B. <Ctrl>键　　C. <Alt>键　　D. <Tab>键

19. PowerPoint 2010 中，插入幻灯片的操作可以在(　　)下进行。
　A. 普通视图　　B. 幻灯片浏览视图
　C. 大纲视图　　D. 以上三种视图方式均可

20. 在【页眉和页脚】对话框中插入的日期和时间将放置到幻灯片的(　　)。
　A. 左上角　　B. 左下角　　C. 下方中部　　D. 右下角

21. 在【页眉和页脚】对话框中插入的幻灯片编号将放置到幻灯片的(　　)。
　A. 左上角　　B. 左下角　　C. 下方中部　　D. 右下角

22. 将一个幻灯片上多个已选中的形状组合成一个复合形状，使用(　　)。
　A. 格式选项卡　　B. 视图选择卡　　C. 切换选项卡　　D. 设计选择卡

23. 若希望将作者名字出现在所有的幻灯片中，应将其加入到(　　)。
　A. 幻灯片母版　　B. 标题母版　　C. 备注母版　　D. 讲义母版

24. 在幻灯片的放映过程中要中断放映，可以直接按(　　)。
　A. <Ctrl>+<F4>　　B. <Ctrl>+X
　C. <Esc>　　D. <End>

25. 对于演示文稿中不准备放映的幻灯片可以用(　　)菜单中的【隐藏幻灯片】命令隐藏。
　A. 开始　　B. 视图　　C. 幻灯片放映　　D. 格式

26. 要使幻灯片在放映时能够自动播放，需要为其设置(　　)。
    A. 预设动画　　B. 排练计时　　C. 动作按钮　　D. 录制旁白
27. 当保存演示文稿时，出现【另存为】对话框，则说明(　　)。
    A. 该文件保存时不能用该文件原来的文件名
    B. 该文件不能保存
    C. 该文件未保存过
    D. 该文件已经保存过
28. 在 PowerPoint 中功能键<F5>可以实现(　　)。
    A. 打开文件　　B. 幻灯片放映　　C. 打印预览　　D. 样式检查
29. 幻灯片的切换方式是指(　　)。
    A. 在编辑新幻灯片时的过渡形式
    B. 在编辑幻灯片时切换不同视图
    C. 在编辑幻灯片时切换不同的设计模板
    D. 在幻灯片放映时两张幻灯片间过渡形式
30. 在 PowerPoint 的(　　)下，可以用拖动方法改变幻灯片的顺序。
    A. 幻灯片视图　　B. 备注视图
    C. 幻灯片浏览视图　　D. 幻灯片放映

二、填空题

1. 在编辑幻灯片的过程中，为了精确地计算段落或行间距、文字和图形的位置及间距等，可以将网格线显示出来，以保证设计页面的一致性。显示网格线的方法是：在 PowerPoint 窗口中切换到__________选项卡，然后选中__________组中的【网格线】复选框即可。
2. PowerPoint 有五种视图模式，其中最常用的视图模式是__________和__________。
3. 在 PowerPoint 环境下，按下__________组合键可以快速创建一个空白演示文稿，按下__________组合键可以在当前演示文稿中快速插入一个空白幻灯片。
4. 选择幻灯片时，按住__________键可以选择多张连续的幻灯片，按住__________键可以选择多张不连续的幻灯片，按住__________组合键可以选中当前演示文稿中的全部幻灯片。
5. 插入 SmartArt 图形是 PowerPoint 2010 新增的功能之一，插入 SmartArt 图形的方法是：在要插入 SmartArt 图形的幻灯片中，在【插入】选项卡的__________组中单击 按钮，在弹出的【选择 SmartArt 图形】对话框中选择需要的 SmartArt 图形样式，然后单击【确定】按钮。
6. 在演示文稿中，如果需要实现鼠标放到某个文字上时，鼠标形状变成小手形状，当用鼠标点击该文字时，可以跳转到另一张幻灯片或播放一首歌曲或打开一个网页，这种效果需要在幻灯片中插入________。
7. 幻灯片的放映类型分为__________、__________和__________ 3 种放映方式。

8. 在 PowerPoint 幻灯片浏览视图下，按住<Ctrl>键并拖动选中的幻灯片，可完成__________操作。

三、简答题

1. 简述占位符的作用。
2. 简述保存当前演示文稿的几种方法。
3. 简述如何调整插入图片的大小和位置。

四、操作题

按下列要求制作演示文稿，制作结果如素材文件夹中的“sy. pptx”所示。

1. 新建一个名字为“寓言故事”的演示文稿；
2. 向演示文稿中添加五张空白幻灯片；
3. 在第一张幻灯片一个占位符或文本框内添加标题文字“寓言故事”，在另一个占位符或文本框内逐行添加“狐假虎威”、“守株待兔”、“滥竽充数”、“拔苗助长”；
4. 在第二张至第五张幻灯片内分别输入“狐假虎威”、“守株待兔”、“滥竽充数”、“拔苗助长”故事的具体内容；
5. 每张幻灯片内分别插入一幅与文字内容相对应的图片；
6. 保存制作好的演示文稿。

第6章　网页制作基础

一、实训目的

✼ 理解网站的基本概念及网站的组织结构；
✼ 掌握定义站点的基本方法；
✼ 掌握创建文件和文件夹的方法；
✼ 掌握网页文件及素材的导入操作；
✼ 掌握导入导出网站的基本方法。

二、实训内容和过程

1. 创建本地站点

启动 Dreamweaver CS4，点击起始页上的 Dreamweaver站点... 选项，或者执行【站点】|【新建站点】菜单命令，出现【未命名站点 1 的站点定义为】对话框，选择【高级】选项卡。

在【分类】列表中选中【本地信息】，在右边的【站点名称】文本框内填入"我的站点"，在【本地根文件夹】文本框内输入站点根路径"C:\SY"，如图 6-1 所示。

在【分类】列表框中选择【远程信息】，在【访问】下拉列表中选择【FTP】，在【FTP 主机】文本框内输入可供上传的 FTP 主机名称或 IP 地址（例如 10.4.1.3），【主机目录】内输入指定的远程主机预先指定的 FTP 目录名称。【登录】和【密码】文本框中分别输入合法的用户名及密码，通过点击【测试】按钮检查是否可以连接远程主机，测试通过后点击【确定】按钮完成站点的定义。

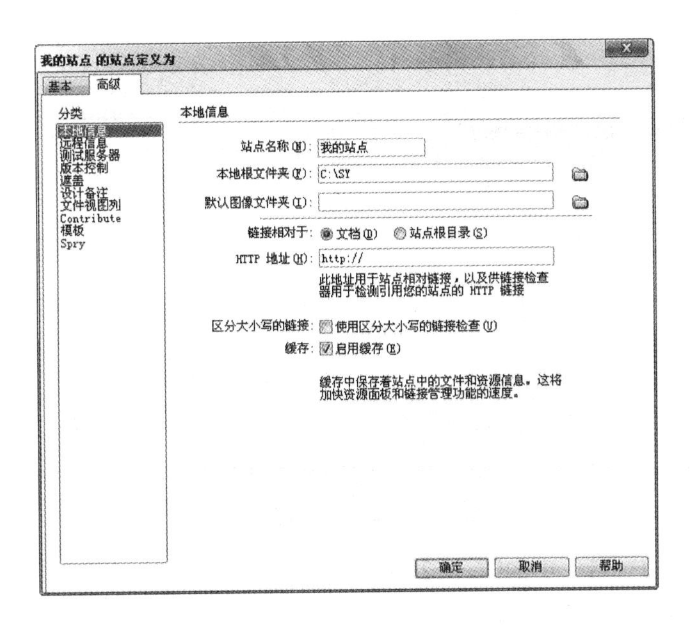

图 6-1　站点定义对话框

2. 在站点中创建文件和文件夹

在【文件】面板中右键单击站点的根文件夹【站点－我的站点(C:\SY)】，在弹出的菜单中选择【新建文件夹】命令，新建一个文件夹，命名为"DOC"。

右键点击新建的"DOC"文件夹，再创建两个子文件夹，分别命名为"计算机"和"网络"。

右键单击根文件夹【站点－我的站点(C:\SY)】，选择【新建文件】命令，输入文件名为"index.htm"。

3. 导入素材

在【文件】面板的站点名称下拉列表中选择【实训配套光盘】，打开【实训素材\实训13】文件夹，选中所有文件及文件夹，右键点击执行菜单中的【编辑】|【拷贝】命令。

在站点名称下拉列表中重新选择站点名称【我的站点】。

右键点击站点根文件夹【站点－我的站点(C:\SY)】，执行【编辑】|【粘贴】命令，将文件与文件夹复制到站点根目录中。

4. 将根文件夹下的"computer.htm"文件移动至"DOC\计算机"文件夹内

选中"computer.htm"文件，并将其拖到"DOC\计算机"文件夹上。

弹出的【更新文件】对话框中选择【更新】按钮，确定网页链接的正确，如图 6-2 所示。

5. 导出站点，生成".ste"文件

在【文件】面板的【站点名称】下拉列表中选择【管理站点】选项，打开【管理站点】对话框，选中【我的站点】，单击【导出】按钮。

在打开的【导出站点】对话框中选择文件保存在 C:\SY 上，单击【保存】按钮。

图 6-2 【更新文件】对话框

单击【管理站点】对话框中的【完成】按钮。

整个站点结构如图 6-3 所示：

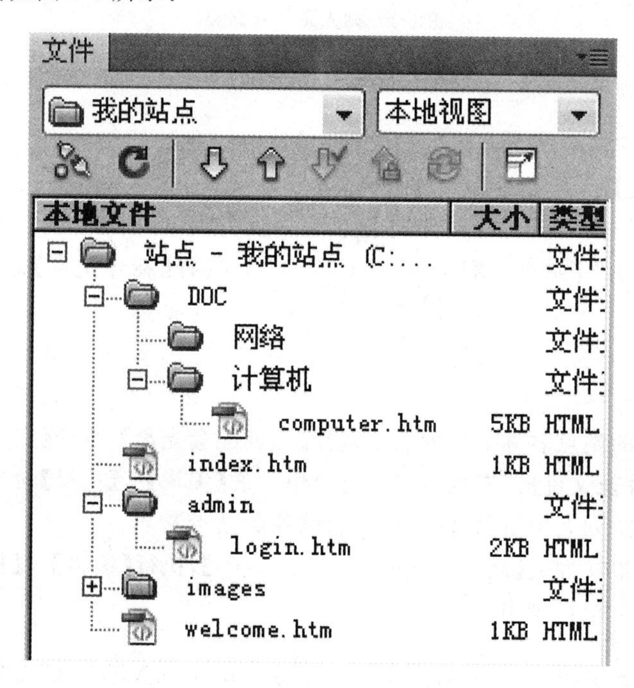

图 6-3 【我的站点】结构图

6. 将网页文件上传和下载

在【文件】中选中【我的站点】根目录，点击 【上传文件】按钮上传站点内容。

在【文件】中选中【我的站点】根目录，点击 【获取文件】按钮下载站点内容。

一、实训目的

- ✲ 熟练掌握创建表格、行、列和单元格；
- ✲ 熟练掌握表格和单元格的属性设置；
- ✲ 熟练掌握利用表格布局；
- ✲ 熟练掌握在表格中插入文本和图像；
- ✲ 掌握框架和框架集的创建与保存；
- ✲ 掌握框架面板的用法，框架与框架集的属性设置，框架超链接目标设置。

二、实训内容和过程

1. 启动 Dreamweaver CS4

将配套光盘“实训素材\第 6 章\实训 14”文件夹复制到 C:\下，创建“桂林风光”站点，在站点根目录中新建网页文件“main. htm”并打开进入编辑。

2. 设置网页背景和外距

打开【CSS 样式】面板，点击【新建 CSS 规则】按钮，在【新建 CSS 规则】对话框的【选择器类型】下拉列表中选择【标签(重新定义 HTML 元素)】，在【选择器名称】列表中选择【body】标签，点击【确定】按钮。

点击【body 的 CSS 规则定义】对话框左侧列表中的【背景】项，设置“Background-image”为“images/bg. gif”，“Background-repeat”为“repeat”。

选择【方框】项，设置【Margin】区域的【Top、Right、Bottom、Left】的值均为 0px，点击【确定】按钮。

3. 插入表格及嵌套表格并设置相关属性

将插入点置于空白页面，在【插入】面板中选择【常用】子面板，点击【表格】按钮，在【表格】对话框中设置表格参数为 3 行 2 列，设置表格宽度为 780 像素，设置边框粗细为 0，边距和间距均为 0，点击【确定】按钮。

选中表格第1行，执行【菜单】|【表格】|【合并单元格】命令，在【属性】面板的【背景颜色】右侧文本框填入“JHJCCCCFF”；选择表格第3行重复上述操作，并在【属性】面板的“高”右侧文本框中输入25。

选中表格第2行，在【属性】面板的【垂直】下拉菜单选中【顶端】，选择第2行第2列单元格，在【属性】面板的【背景颜色】右侧文本框中填入“JHJFFFFCC”，“宽”文本框值设为596px。

光标定位至选中表格第2行第1列内，执行【插入】|【表格】命令，在【表格】对话框中设置表格参数为7行1列表格，表格宽度100%，边距为2，间距为0，边框粗细为0。

选中嵌套表格，在【属性】面板的【对齐】下拉菜单选中【居中对齐】，选中嵌套表格所有单元格，将【属性】面板的【背景颜色】设为“JHJ99CCFF”，【水平】设为【居中对齐】，【垂直】设为【居中】，效果如图6-4所示。

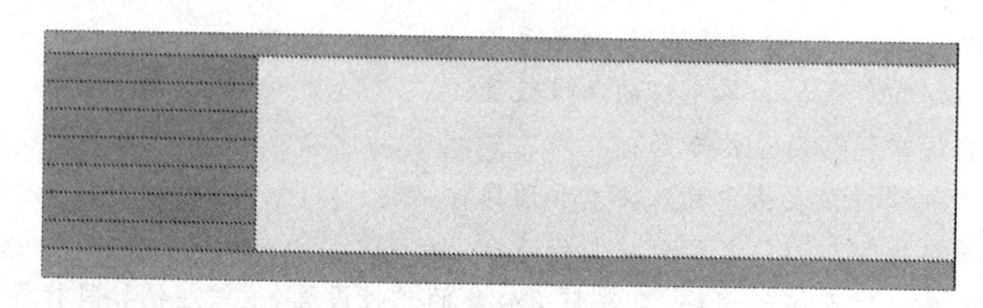

图6-4　表格布局效果图

4. 编辑表格中的文本、图片，创建及应用CSS样式

将插入点定位至表格第1行，输入“桂林风光”；打开【CSS样式】面板，点击【新建CSS规则】按钮，在【新建CSS规则】对话框的【选择器类型】下拉列表中选择【类(可应用于任何HTML元素)】，在【选择器名称】列表中输入“.a1”，点击【确定】按钮。

点击【.a1的CSS规则定义】对话框左侧列表中的【类型】项，设置【Font-family】为【方正姚体】，【Font-size】为36px，【Font-weight】为【bold】【Color】设置为“JHJ900”；选择【区块】项，设置【Letter-spacing】为1em，【Text-align】为“center”，点击【确定】按钮；选中表格第1行“桂林风光”文字，在【属性(HTML)】面板的【类】下拉列表中选择“.a1”。

在嵌套表格的第1、3、5、7行分别输入“主要景点”、“象山像象”、“九马画山”和“七星公园”，在第2、4、6行分别插入图片“象山.jpg”、“九马画山.jpg”和“七星公园.jpg”，图片宽、高分别设为180和140。

将插入点定位至表格第2行第2列，执行【文件】|【导入】|【Word文档】，在【导入Word文档】对话框中选择“桂林山水.doc”，【格式化】下拉列表框中选择【带结构的文本(段落、列表、表格)】，清除【清理Word段落间距】复选框，点击【打开】按钮。

打开【CSS样式】面板，点击【新建CSS规则】按钮，在【新建CSS规则】对话框的【选择器类型】下拉列表中选择【类(可应用于任何HTML元素)】，在【选择器名称】列表中输入“.a2”，点击【确定】按钮。

点击【.a2的CSS规则定义】对话框左侧列表中的【类型】项，设置【Font-family】为“宋体”，【Font-size】为16px，【Line-height】为25px；选择【区块】项，设置【Text-indent】为2ems，选择【方

框】项，设置【Padding】区域的“Top、Right、Bottom、Left”的值均为 5px，点击【确定】按钮；选中表格第 2 行第 2 列所有内容，在【属性(HTML)】面板的【类】下拉列表中选择“.a2”。

打开【CSS 样式】面板，点击【新建 CSS 规则】按钮，在【新建 CSS 规则】对话框的【选择器类型】下拉列表中选择【类(可应用于任何 HTML 元素)】，在【选择器名称】列表中输入“.footer”，点击【确定】按钮。

点击【.footer 的 CSS 规则定义】对话框左侧列表中的【类型】项，设置【Font-size】为 16px；选择【区块】项，设置【Text-align】下拉列表为“center”，点击【确定】按钮。

在表格第 3 行输入【版权所有】，选中该段文字，在【属性(HTML)】面板的【类】下拉列表中选择【.footer】。执行【文件】|【保存】命令，并按＜F12＞预览，效果如图 6-5 所示。

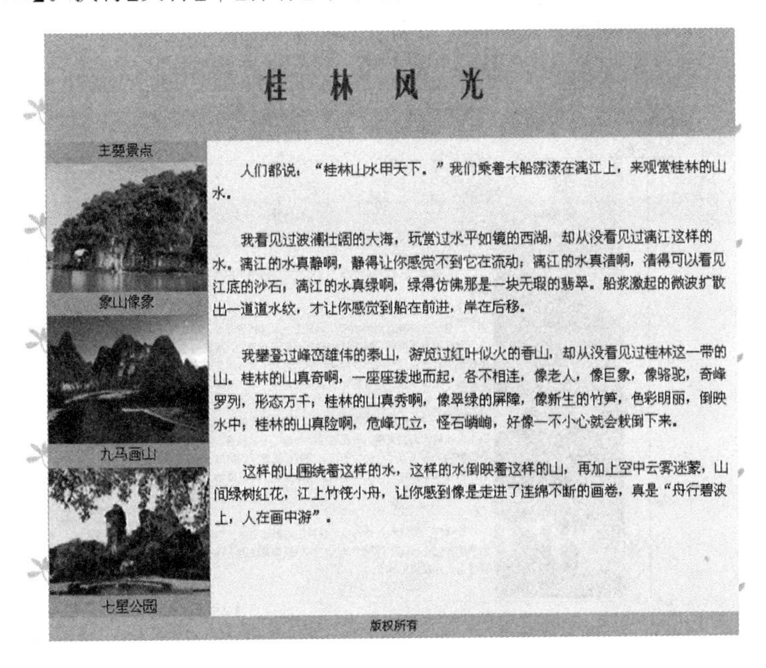

图 6-5　“桂林风光”网页效果图

5. 新建一个框架集网页“index.htm”

执行【文件】|【新建】命令，打开【新建文档】对话框，在最左侧选中【示例中的页】选项，在【示例文件夹:】列表框中选择【框架页】选项，在【示例页】列表框中选择【左侧固定】选项，点击【创建】按钮。

将插入点定位于右框架，执行【文件】|【在框架中打开】命令，选择 main.htm 文件。

将插入点定位于左框架，执行【文件】|【在框架中打开】命令，选择 left.htm 文件。

执行【文件】|【框架集另存为】命令，保存框架集文件为 index.htm。

6. 设置框架集和框架的超链接以及链接目标

利用框架面板对框架及框架集进行属性设置。

执行【窗口】|【框架】命令，打开【框架】面板，分别选中左侧【left Frame】框架和右侧的【main Frame】框架，在【属性】面板【边框】下拉列表选择【是】，取消【不能调整大小 】勾选。

设置框架内的超链接及链接目标。

选中左框架中的“桂林风光”四字，在【属性(HTML)】面板中，点击【链接】右侧【浏览文件】按钮，选择 main. htm 文件，在【目标】下拉框选择 mainframe。

选中左框架中的【文字】两字，在【属性(HTML)】面板中，点击【链接】右侧【浏览文件】按钮，选择 doc. htm 文件，在【目标】下拉框选择 mainframe。

选中左框架中的“图片”两字，在【属性(HTML)】面板中，点击【链接】右侧【浏览文件】按钮，选择“images/桂林山水. jpg”文件，在【目标】下拉框选择 mainframe。

保存文件，按<F12>预览网页，效果如图 6-6 所示。

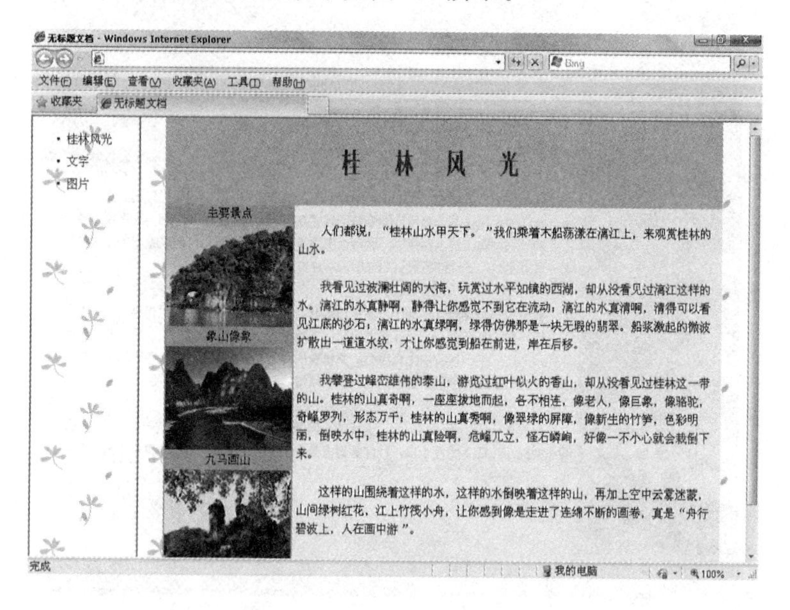

图 6-6　框架网页效果图

练习题

一、按照下列操作，做成如图 6-8 所示的“三网融合”网页效果图

(1) 启动 Dreamweaver CS4，将配套光盘“实验素材\第 6 章\练习题”文件夹复制到 C:\下，创建“三网融合”站点。

执行【站点】|【新建站点】菜单命令，选择【高级】选项卡，在“站点名称”文本框中输入“三网融合”，点击【本地根文件夹】边上的【浏览文件】按钮，选择“C:\练习题”文件夹，单击【选择】按钮，再点击【确定】按钮。

(2) 在站点根目录中新建网页文件“index. htm”，在网页中导入该站点中的“三网融合. doc”文档文件。

① 打开【文件】面板，右键点击站点根文件“站点－三网融合(C:\练习题)”，弹出菜单中

选择【新建文件】,并将新创建的"untitled. htm"重命名为"index. htm"。

② 双击"index. htm",选择【文件】|【导入】|【Word 文档】命令。在【导入 Word 文档】对话框中选择"三网融合. doc",【格式化】下拉列表框中选择【带结构的文本(段落、列表、表格)】,清除【清理 Word 段落间距】复选框,点击【打开】按钮。如图 6-7 所示

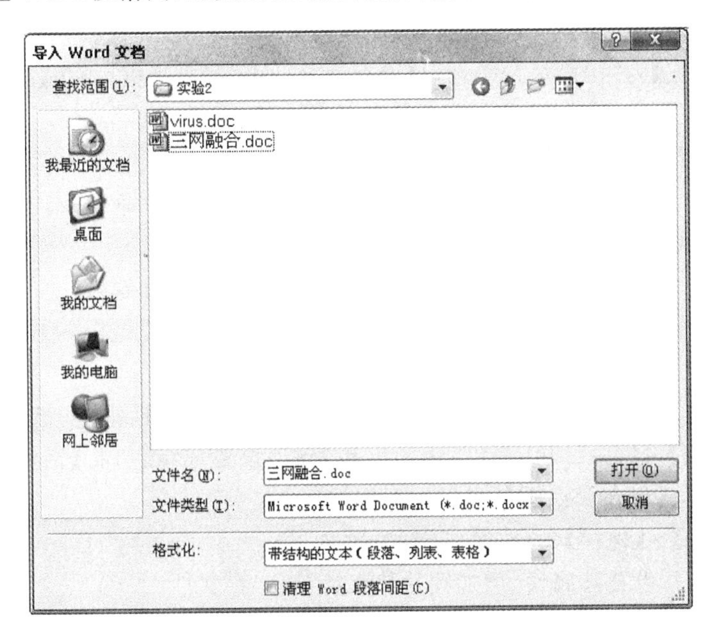

图 6-7　导入 Word 文档对话框

(3) 页面属性设置。包括网页默认字体及大小、网页的背景色、网页标题和标题格式。

① 点击【属性】面板的【页面属性】按钮,打开【页面属性】对话框。

② 选择【外观(CSS)】分类项,在【页面字体】下拉列表中选择"宋体",【大小】设置为"14px"。【背景颜色】文本框填入"JHJCCF"。

③ 选择【标题/编码】分类项,在【标题】框内输入标题"三网融合"。

④ 选择【标题(CSS)】分类项,设置"标题 1"的大小为"24px",颜色为"JHJ00F",设置"标题 2"的大小为"20px",颜色为"JHJ900",点击【确定】按钮退出页面属性设置窗口。

(4) 设置文本及段落格式,插入水平线、日期及特殊符号,创建项目列表、编号列表。

① 选中第 1 段文字,打开【属性(HTML)】面板,在"格式"下拉列表中选中"标题 1",执行【格式】|【对齐】|【居中对齐】菜单命令。

② 分别选中第 2、4、9 段,打开【属性(HTML)】面板,在【格式】下拉列表中选中"标题 2"。

③ 在文档末输入回车,单击【插入】面板【常用】选项卡中的【水平线】按钮,设置水平线宽度为 95%,高度为 2,阴影,对齐为【居中对齐】。

④ 添加【隶书】字体,设置文本字体及粗斜体。

选择菜单【格式】|【字体】|【编辑字体列表】命令,在【编辑字体列表】对话框的【可用字体】中选择"隶书",单击按钮,将"隶书"添加至左侧的【选择的字体】和上方的【字体列表】中,点击【确定】按钮。

选择第三段文字，选择【格式】|【字体】|【隶书】菜单命令，在【新建 CSS 规则】对话框的【选择器名称】中输入名称“. a1”，单击【确定】按钮。在【属性(CSS)】面板上设置大小为“18px”，颜色为“JHJ90C”，点击斜体按钮。

⑤ 将光标定位于水平线下方，选择【格式】|【对齐】|【居中对齐】菜单命令，执行【插入】|【日期】，在【插入日期】对话框中选择【星期格式】为“星期四”，【日期格式】为“1974 年 3 月 7 日”，【时间格式】为“10:18PM”，选取【储存时自动更新】复选框，单击【确定】按钮。

⑥ 在日期右边按＜Shift＞＋＜Enter＞组合键，插入换行符。输入文字“版权所有”，选择【插入】|【HTML】|【特殊字符】|【版权】，输入©符号。

⑦ 选中第 6、7、8 段，执行【格式】|【列表】|【编号列表】菜单命令；选中第 10～14 段，执行【格式】|【列表】|【项目列表】菜单命令。

(5) 设置文本超链接，设置超链接颜色，保存文件并预览网页效果。

① 选择第 3 段的“电信网”三个字，在【属性(HTML)】面板上的【链接】框内输入链接网址：“http://ct10000. com”，在【目标】列表中选择“_blank”。

② 点击【属性】面板上的【页面属性】按钮，在【页面属性】对话框中，选择【链接 CSS】分类项，将【链接颜色】设置为红色，将【已访问链接】颜色设置成绿色，将【活动链接】设置为蓝色，下划线样式设为【仅在变换图像时显示下划线】。

③ 选择【文件】|【保存】命令，按＜F12＞预览。

(6) 插入图片并设置其属性，增加图片热点链接，保存文件。

① 插入图片“3in1. jpg”，并设置图片大小。

光标定位于第 4 段行首处，选择【插入】|【图像】命令，在【选择图像源文件】对话框中选择“练习题”文件夹中的“3in1. jpg”图片文件，确定操作。选择图片对象，在图像【属性】面板中输入高度和宽度均为 300，水平边距 20。

② 设置“3in1. jpg”图片热点链接。

选中“3in1. jpg”图片对象，点击【属性】面板左下方的【矩形热点工具】按钮，在“3in1. jpg”图片的“广电网”位置绘制热点，再通过单击【属性】面板上【链接】框旁的【浏览】按钮，在【选择文件】对话框中选择“t2. jpg”文件，单击【确定】按钮。

③ 保存文件，按＜F12＞预览，关闭文件，预览效果如图 6-8 所示。

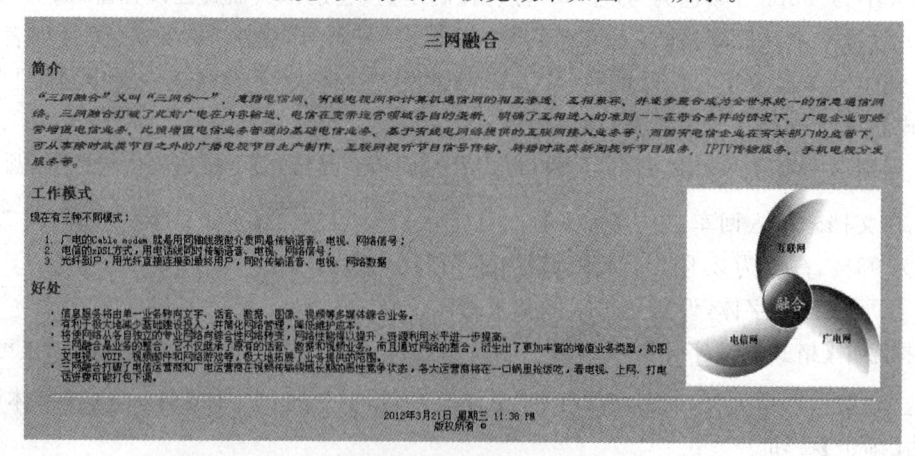

图 6-8 “三网融合”网页效果图

二、按样张完成下列操作，样张如图 6-9 所示。

① 启动 Dreamweaver CS4，将配套光盘“实训素材\第 6 章\”文件夹中的“练习题”文件夹复制到 C:\下，并利用【站点】|【新建站点】建立“我的站点 2”。

② 新建网页文件 lx2. htm，并保存在该站点中。在网页中导入“实训 2”文件夹中的“virus. doc”文件。

③ 在文档头部插入一行标题“计算机病毒”，设置标题居中对齐，字体黑体，大小“24px”，颜色为“JHJ900”。

④ 设置网页的标题“computer virus”，设置网页背景图片“bg. gif”。

⑤ 给四段小标题加粗，并按样张设置编号列表。

⑥ 在第 1 段文字后插入水平线，并在第 2 段起始处插入图像“virus. jpg”，设置高度为 200，宽度为 300，右对齐。

⑦ 在结尾处添加“返回页首”文字，单击“返回页首”文字，可跳转到文档顶部显示。

⑧ 在文末添加“与我联系”文字，单击可发送电子邮件至 web@edu. cn。

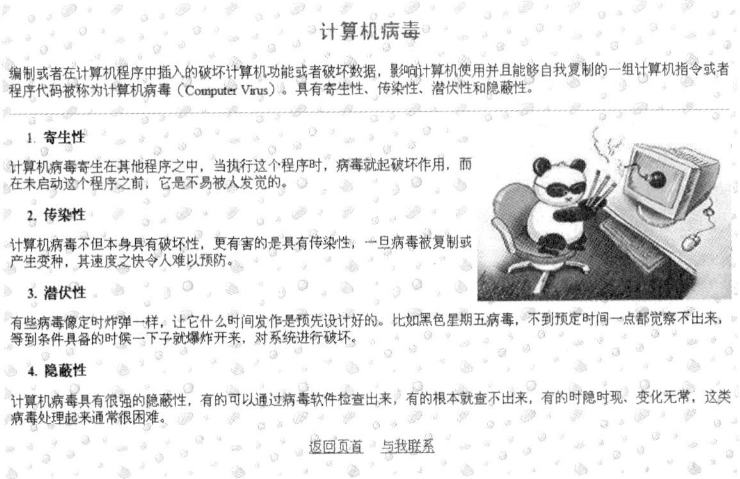

计算机病毒

编制或者在计算机程序中插入的破坏计算机功能或者破坏数据，影响计算机使用并且能够自我复制的一组计算机指令或者程序代码被称为计算机病毒（Computer Virus）。具有寄生性、传染性、潜伏性和隐蔽性。

1. **寄生性**

计算机病毒寄生在其他程序之中，当执行这个程序时，病毒就起破坏作用，而在未启动这个程序之前，它是不易被人发觉的。

2. **传染性**

计算机病毒不但本身具有破坏性，更有害的是具有传染性，一旦病毒被复制或产生变种，其速度之快令人难以预防。

3. **潜伏性**

有些病毒像定时炸弹一样，让它什么时间发作是预先设计好的。比如黑色星期五病毒，不到预定时间一点都觉察不出来，等到条件具备的时候一下子就爆炸开来，对系统进行破坏。

4. **隐蔽性**

计算机病毒具有很强的隐蔽性，有的可以通过病毒软件检查出来，有的根本就查不出来，有的时隐时现、变化无常，这类病毒处理起来通常很困难。

返回页首　与我联系

图 6-9　“计算机病毒”网页效果图

第 7 章　计算机网络与互联网

一、实训目的

✲ 掌握 Windows 7 中共享资源的设置和使用；
✲ 掌握配置网络 IP 地址的方法。

二、实训内容和过程

1. 打开【网络和共享中心】窗口

Windows 7 中对于网络的设置和管理在【网络和共享中心】窗口中进行，主要包括以下与网络有关的操作：查看网络中包含的计算机以及连接状况，创建不同类型的网络连接。

首先，在【开始】菜单中选择【控制面板】选项，则打开如图 7-1 所示的【控制面板】窗口，单击【网络和 Internet】按钮，然后单击其中的【网络和共享中心】按钮，则打开如图 7-2 所示的窗口。

2. 查看整个网络的连接状况

Windows 7 操作系统提供了直观的网络映射功能，通过该功能可以让用户直观地看到计算机所在的网络拓扑结构。如图 7-3 所示的【网络和共享中心】窗口中单击【查看完整映射】按钮，就能显示整个网络的连接状况（即整个网络的拓扑结构），图 7-3 显示了某个本地网络的连接状况。

3. 设置文件和文件夹共享

（1）启动【网络发现】功能。

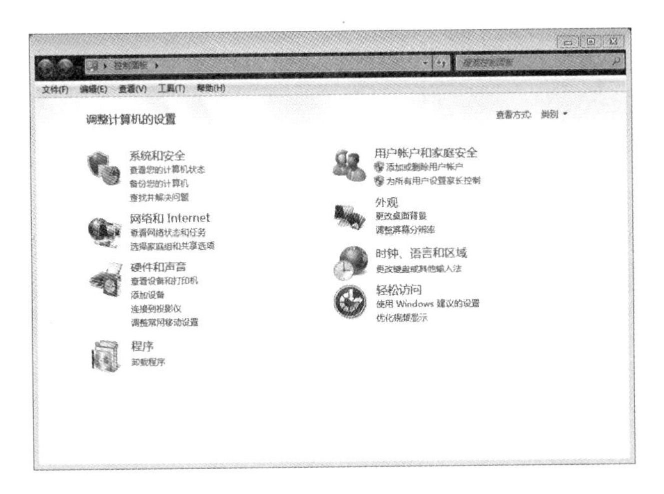

图 7-1　【控制面板】窗口

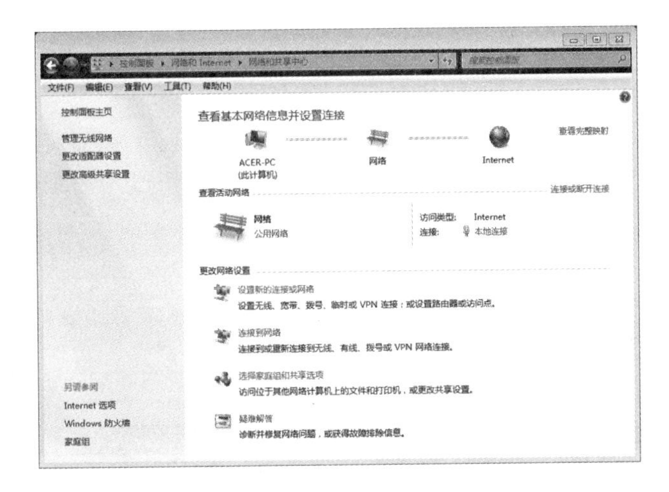

图 7-2　【网络和共享中心】窗口

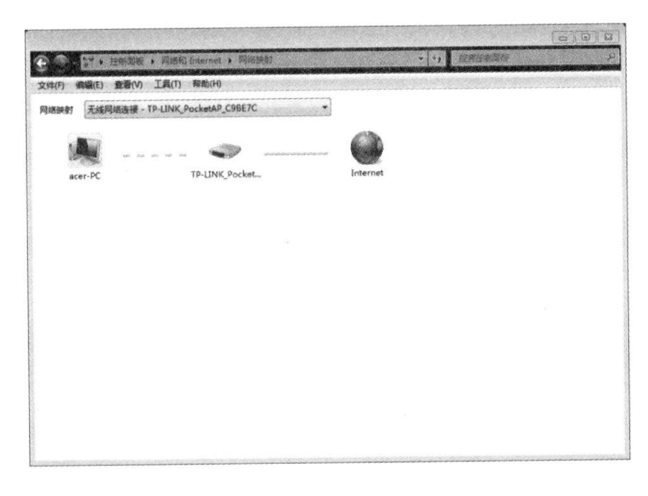

图 7-3　查看网络连接状况

Windows 7 中的【网络发现】功能，就是让本地计算机与网络中的其他计算机互相可以识别，也可以发现对方的存在，以便进一步共享数据。

开启或关闭【网络发现】功能的具体操作如下：

打开【网络和共享中心】窗口，单击窗口左侧的【更改高级共享设置】按钮。

进入如图 7-4 所示的界面。

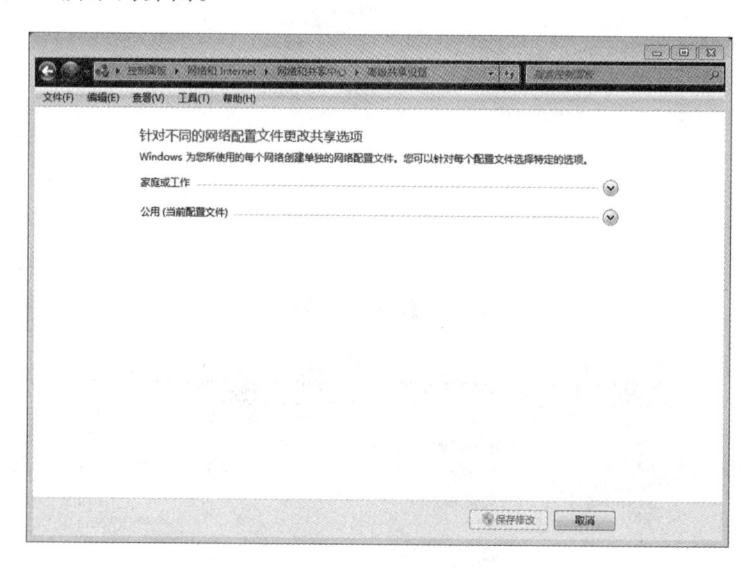

图 7-4 【高级共享设置】窗口

单击按钮，展开设置【网络发现】功能的网络类型选项的详细列表，如图 7-5 所示，根据需要设置开启或关闭【网络发现】功能。

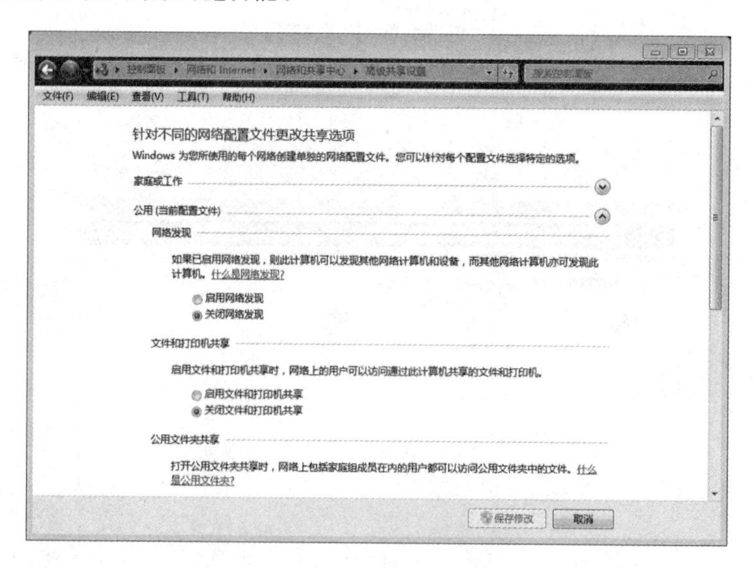

图 7-5 【网络发现】功能的开启设置

(2) 启用【文件和打印机共享】功能。

在 Windows 7 中，一旦启用了【网络发现】功能，就可以看到网络中的其他计算机。在如

图5所示的窗口中，设置启用【文件和打印机共享】功能，即可允许其他计算机访问本地计算机中已共享的数据和打印机。

(3) 设置任意文件夹共享。

假设要设置共享的文件夹名为“计算机中心教学文件”。

打开名为“计算机中心教学文件”的文件所在的窗口，右击该文件夹，在弹出的菜单中选择【共享】|【特定用户】命令，则打开如图7-6所示的【文件夹共享】对话框。

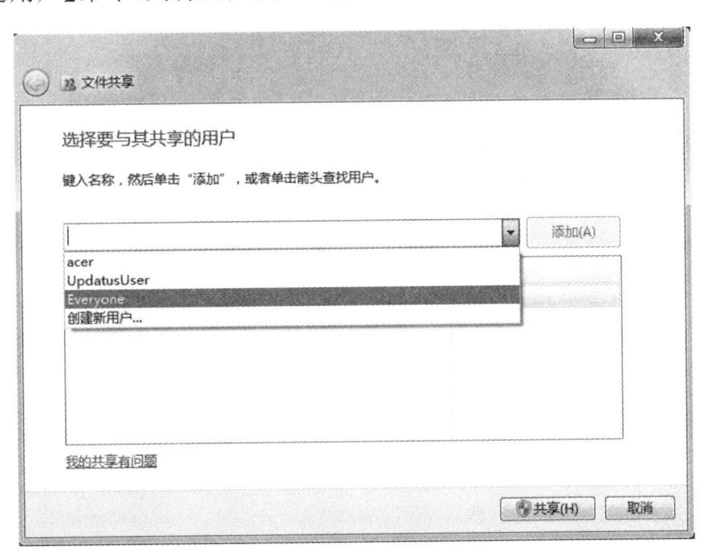

图7-6 【文件夹共享】对话框

在图7-6所示的【文件夹共享】对话框中，从下列列表中选择Everyone。

单击【添加】按钮，将所选的用户添加到下方的列表中，如图7-7所示。按照此方法可以继续添加其他用户。

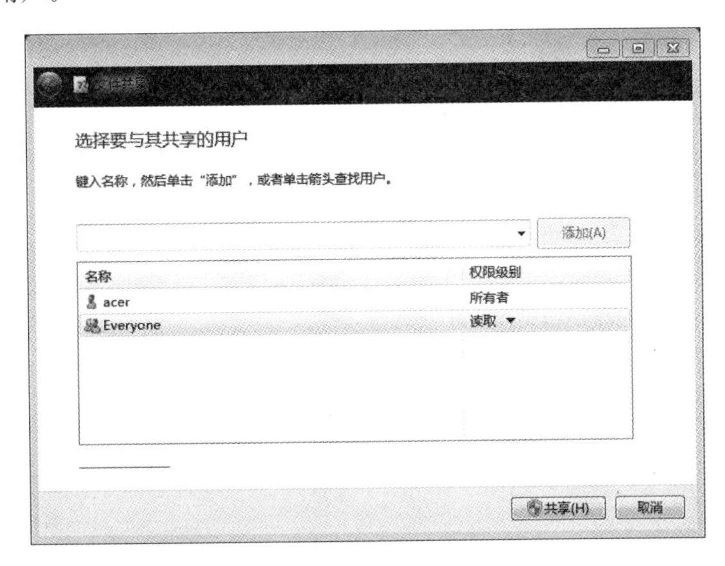

图7-7 添加共享此文件的用户

这样，网络中其他计算机就可以访问名为“计算机中心教学文件”的共享文件夹了，如图 7-8 所示。

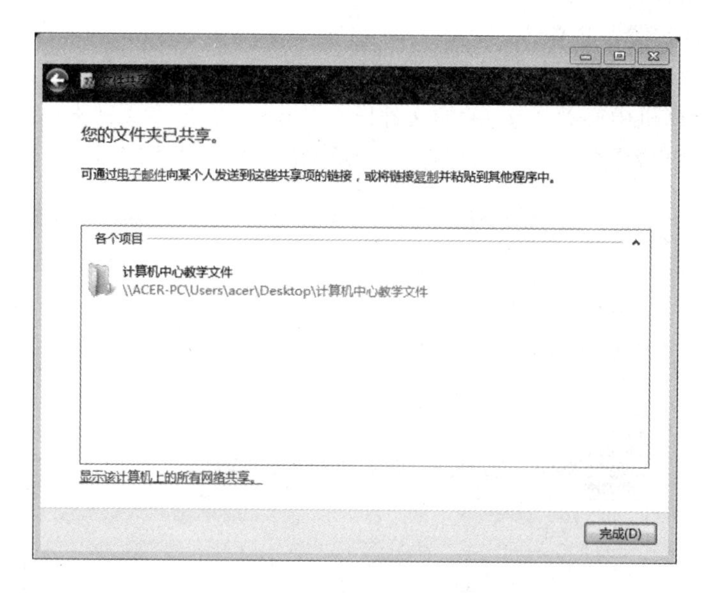

图 7-8　已共享的文件夹

4. 将共享文件夹映射成驱动器

如果需要频繁地访问网络中指定的共享文件夹，则可以将其映射为本地计算机中的一个虚拟的驱动器，这样就不用在【网络】窗口中一层层打开共享文件夹了，而是像访问本地驱动器一样，直接在“计算机”窗口访问该文件夹。具体操作如下：

单击“计算机”窗口工具栏中的【映射网络驱动器】按钮，打开【映射网络驱动器】对话框，如图 7-9 所示。

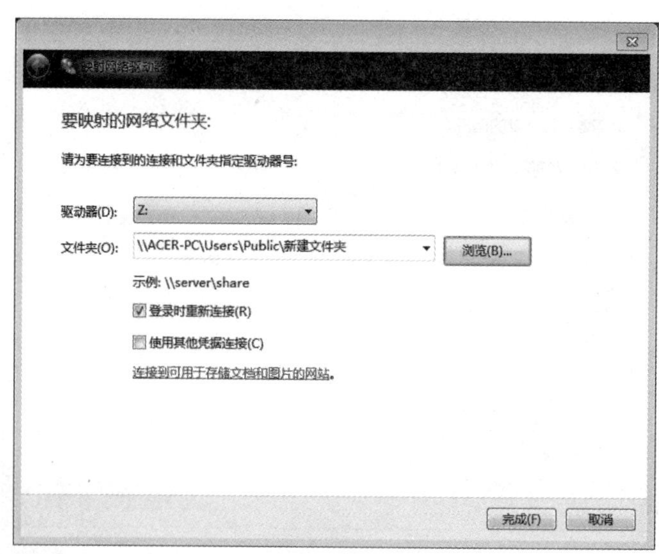

图 7-9　映射虚拟驱动器

在【驱动器】列表中选择一个驱动器名，并输入被映射的文件夹路径信息，或单击【浏览】按钮，查找需要映射的共享文件夹，完成后单击【完成】按钮。

打开“计算机”窗口，查看刚才建立的虚拟驱动器，如图 7-10 所示。

图 7-10　查看已创建的虚拟驱动器

5. 检查并设置本机的网络 IP 地址

步骤如下：

在【网络和共享中心】窗口中（如图 7-2 所示）单击【本地连接】按钮，打开如图 7-11 所示的【本地连接 状态】对话框。

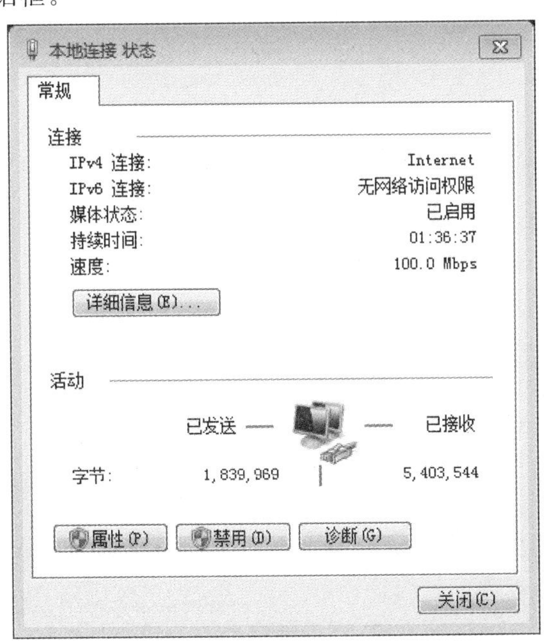

图 7-11　【本地连接 状态】对话框

在【本地连接 状态】对话框中单击【属性】按钮，打开【本地连接 属性】对话框，如图 7-12 所示。

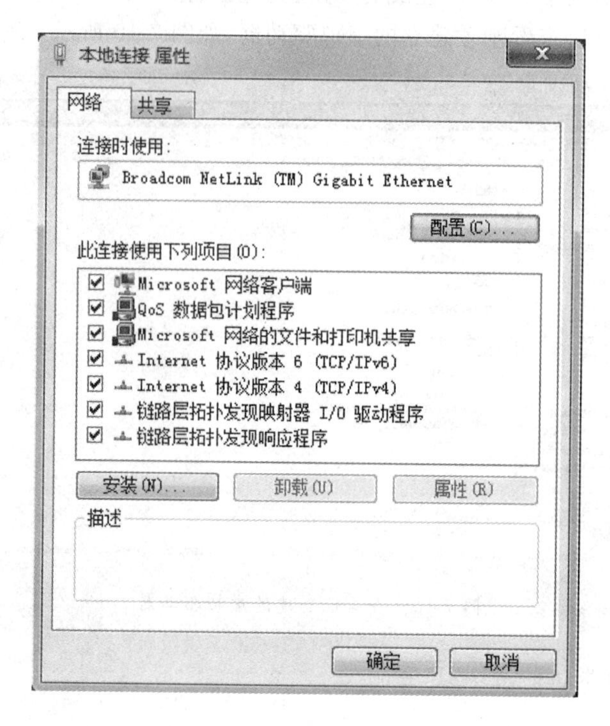

图 7-12 【本地连接 属性】对话框

在【本地连接 属性】对话框中选择【Internet 协议版本 4(TCP/IPv4)】选项，再单击【属性】按钮，打开如图 7-13 所示的【Internet 协议版本 4(TCP/IPv4)属性】对话框。

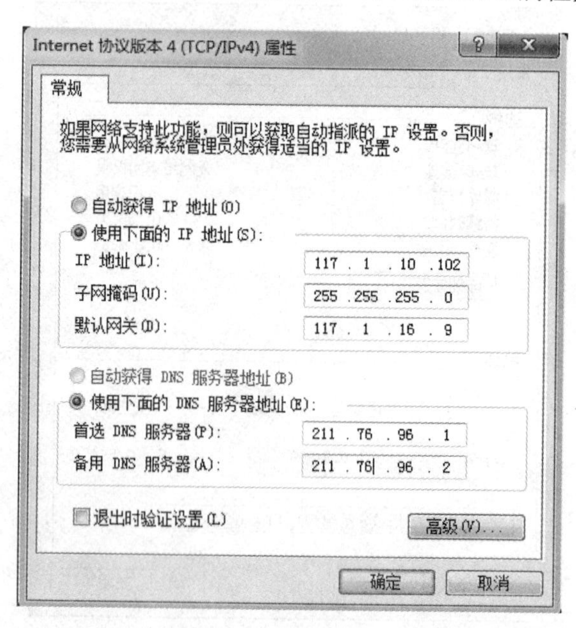

图 7-13 【Internet 协议版本 4(TCP/IPv4)属性】对话框

操作的计算机不同，IP 地址也不同。可记录下自己所操作的计算机的 IP 地址、默认网关、子网掩码、DNS 服务器地址。

如果需要修改计算机中的 IP 地址，则在【IP 地址】、【默认网关】、【子网掩码】、【DNS 服务器地址】等文本框中输入相应的内容。

实训16　电子邮件服务的使用

一、实训目的

- 掌握通过 WWW 界面获得电子邮件服务的方法；
- 掌握免费邮箱的申请方法；
- 掌握 Outlook 中账号的设置方法；
- 掌握使用 Outlook 发送/接收邮件的方法。

二、实训内容和过程

1. 申请免费邮箱

本例要求在网易上申请免费电子邮件帐号。步骤如下：

(1) 允许 IE 浏览器，在 URL 地址栏中输入网易邮箱的首地址 http://www.126.com，按 Enter 键进入网易邮箱主页界面，如图 7-14 所示。

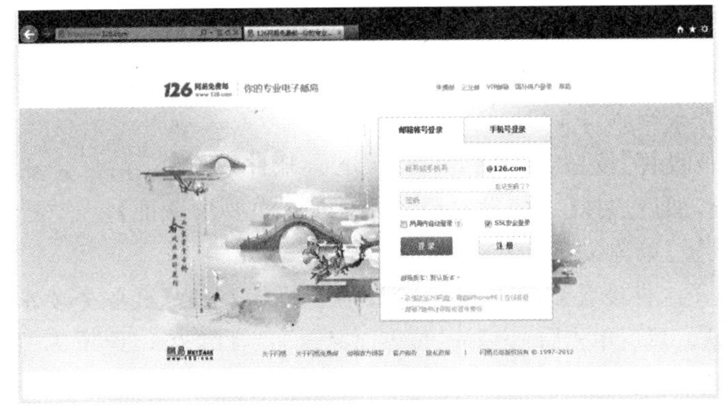

图 7-14　网易免费邮箱首页

(2) 单击【立即注册】按钮进入注册界面，填写用户注册信息，主要有：

申请的邮箱用户名，假定为 computer1。

用户登录密码及填写必要的个人资料，密码假定为 mypassword。

(3) 若注册成功，就在网易上拥有了一个免费邮箱，以后就可在进入网易后使用该邮箱，使用方法是登录网站 www.126.com，输入用户名和密码，然后单击【登录】按钮。

这样，就可以实现在 WWW 界面获得电子邮件服务。

2. 利用电子邮箱管理软件 Microsoft Outlook 2010 管理邮箱

(1) 在 Outlook 中设置邮件帐号。

启动 Outlook 2010(如图 7-15)，选择【文件】|【信息】项，单击按钮 添加帐户 ，打开【添加新账户】对话框。

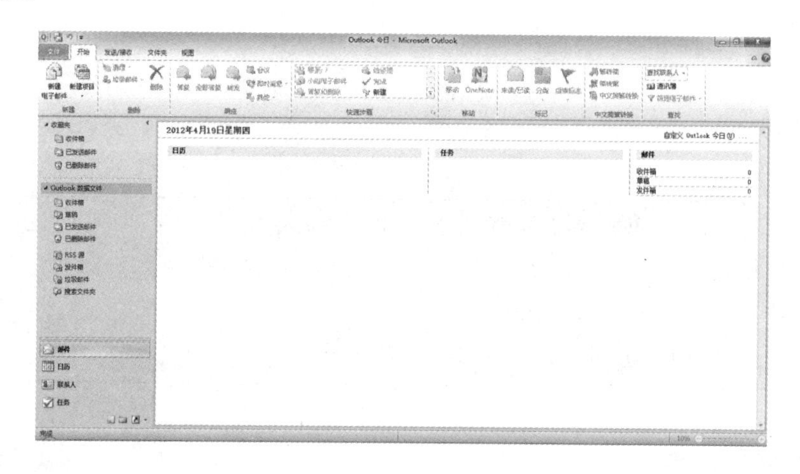

图 7-15　Outlook 2010 登录界面

在【选择服务】界面，选中【电子邮件账户】单选按钮，然后单击【下一步】，则进入【自动账户设置】界面。

在【自动账户设置】界面，选中【手动设置服务器设置或其他服务器类型】单选按钮，并单击【下一步】，则再次进入【选择服务】界面。继续单击【下一步】按钮，则进入【Internet 电子邮件设置】界面，在此界面需要填写一些电子邮件登录账号信息，图 7-16 显示了电子邮件 computer1@126.com的配置信息。

参照图 7-16，输入相应的【用户信息】、【服务器信息】和【登录】。登录信息项中的用户名为邮箱的用户名，登录密码为 126 邮箱时的密码。

然后单击【其他设置】按钮，打开【Internet 电子邮件设置】对话框。在该对话框中选择【发送服务器】标签，然后选择【我的发送服务器(SMPT)要求验证】复选框和【使用与接收邮件服务器相同的设置】单选按钮。

在【Internet 电子邮件设置】对话框中选择【高级】标签，选中【此服务要求加密连接(SSL)】复选框，其他的默认。然后单击【确定】按钮，界面又返回到【Internet 电子邮件设置】对话框。

单击【下一步】，完成了 Internet 电子邮件设置，以后就可以通过 Outlook 发送/接收邮件了。

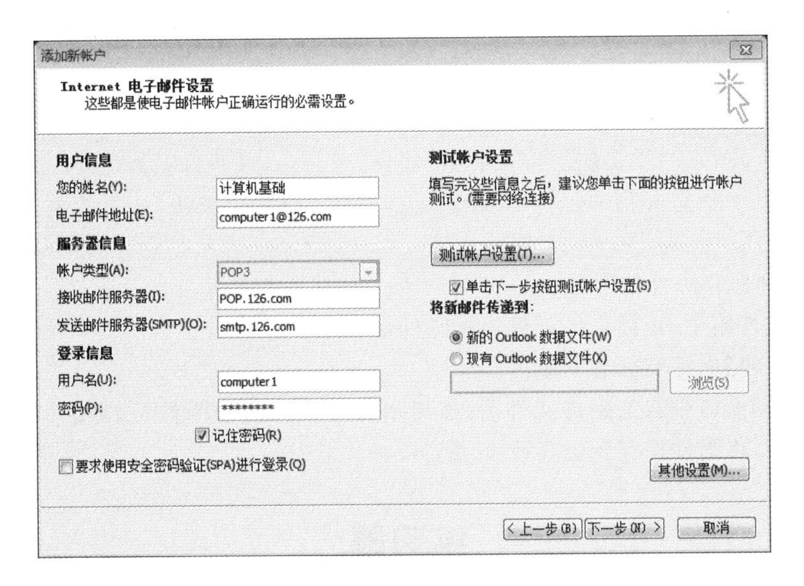

图 7-16　添加新账户的设置界面

单击【关闭】按钮，完成添加新账号的设置。

(2) 撰写邮件，发送邮件。

在 Outlook 窗口中，执行【开始】|【新电子邮件】命令，进入新邮件编辑窗口，如图 7-17 所示。

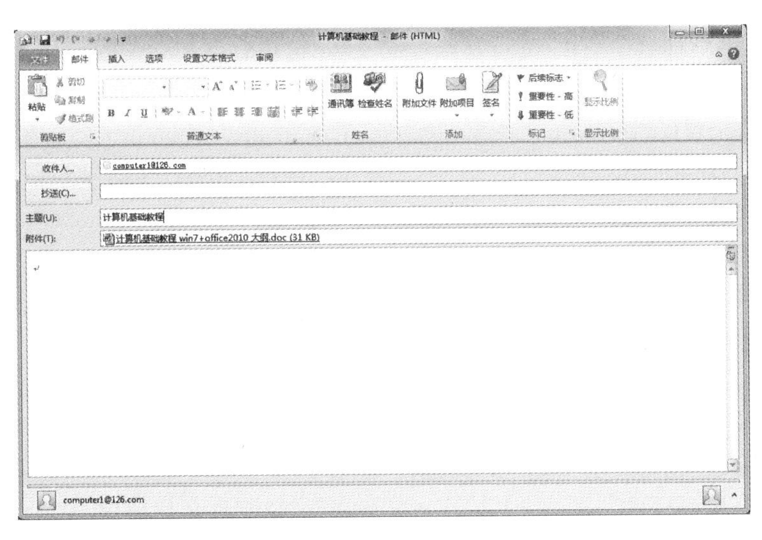

图 7-17　撰写电子邮件

在【文件人】文本框中输入收件人的邮箱地址。在【主题】文本框中输入邮件的主题，主题由自己命名。在文本框中输入邮件的正文内容。

若该邮件需要添加附件，则执行【插入】|【附件文件】命令，打开【插入文件】对话框，选择指定的文件作为邮件附件(可以添加多个附件)。

单击新邮件窗口工具栏中的【发送】按钮，邮件将被发送出去。当网络线路不通时，所撰

写的邮件将自动保存到【发件箱】中，联机后单击按钮，【发件箱】中的邮件将发出去，并将来信送入【收件箱】。

(3) 接收邮件。

在 Outlook 窗口中，单击【发送/接收】按钮，将来信送入【收件箱】。

若要接收某一指定邮箱的邮件，单击【发送/接收组】下拉按钮，从下拉列表中选择指定的邮箱。

(4) 阅读和保存邮件的附件。

注意，在收件箱中，带标志的邮件表示邮件带有附件。

选择【收件箱】中标有标志的邮件。

在邮件阅读窗口中双击附件文件名，按指示打开或保持该附件；选择【另存为】或【保持全部附件】命令，将附件保存到磁盘或 U 盘。

练习题

一、单项选择题（请将正确答案填在指定的答题栏内，否则不得分）

题号	1	2	3	4	5	6	7	8	9	10	11	12	13	14	15
答案															

1. 下列 4 项内容中，不属于 Internet(因特网)基本功能的是(　　)。
   A. 电子邮件　　B. 文件传输　　C. 远程登录　　D. 实时监测控制
2. 下面电子邮件地址写法正确的是(　　)。
   A. abcdJHJ163. com　　B. abcd@163. com
   C. 163. com@abcd　　D. 163. comJHJabcd
3. 请选择接收 E-mail 所用的网络协议(　　)。
   A. POP3　　B. SMTP
   C. HTTP　　D. FTP
4. 下面 4 个 IP 地址中，正确的是(　　)。
   A. 202. 9. 1. 12　　B. 256. 9. 23. 01
   C. 202. 188. 200. 34. 55　　D. 222. 134. 33. A
5. Internet 应用之一的 FTP 指的是(　　)。
   A. 用户数据协议　　B. 简单邮件传输协议
   C. 超文本传输协议　　D. 文件传输协议
6. 通过 Internet 可以(　　)。
   A. 查询、检索资料　　B. 打国际长途电话，点播电视节目
   C. 点播电视节目，发送电子邮件　　D. 以上都对
7. 目前网络传输介质中，传输速率最高的是(　　)。
   A. 双绞线　　B. 同轴电缆
   C. 光缆　　D. 电话线

8. 电子邮件是(　　)。
A. 网络信息检索服务
B. 通过 WEB 网页发布的公告信息
C. 通过网络实时交换的信息传递服务
D. 一种利用网络交换信息的非交互式服务

9. 互联网上的服务都基于某种协议,WWW 服务基于(　　)协议。
A. POP3　　B. SMTP　　C. HTTP　　D. TELNET

10. 计算机网络的目标是实现(　　)。
A. 文件查询　　B. 信息传输与数据处理
C 数据处理　　D. 信息传输与资源共享

11. TCP/IP 协议中的 TCP 相当于 OSI 中的(　　)。
A. 应用层　　B. 网络层　　C. 物理层　　D. 传输层

12. 下面不属于顶级域名类型的是(　　)。
A. com　　B. uup　　C. gov　　D. net

13. Internet 属于(　　)。
A. WAN　　B. MAN　　C. LAN　　D. ISDN

14. IP 地址是由两部分组成,一部分是(　　)地址,一部分是主机地址。
A. 服务器地址　　B. 网络地址　　C. 机构地址　　D. 网卡地址

15. C 类 IP 地址的每个网络可以容纳(　　)台主机。
A. 254　　B. 100 万　　C. 65535　　D. 1700 万

二、填空题

1. Outlook 是一种能实现________功能的软件。
2. 我国域名注册工作是由________统一管理的。
3. WWW 的英文全称为________。
4. 网络适配器简称________。
5. 国际标准化组织简称________。

模拟试卷1

说明:本试卷共三页、三道大题,答卷一律在试卷规定处填写,答在其他处不得分。

一、单项选择题(本题共20小题,每小题2分,共40分)

题号	1	2	3	4	5	6	7	8	9	10
答案										
题号	11	12	13	14	15	16	17	18	19	20
答案										

1. 从第一代计算机到第四代计算机的体系结构都是相同的,这种体系结构称为(　　)体系结构。
   A. 艾兰·图灵　B. 冯·诺依曼　C. 比尔·盖茨　D. 罗伯特·诺依斯
2. 第三代电子计算机使用的电子器件是(　　)。
   A. 电子管　B. 晶体管
   C. 集成电路　D. 超大规模集成电路
3. 微机硬件系统中最核心的部件是(　　)。
   A. 内存储器　B. 输入输出设备　C. 硬盘　D. CPU
4. 断电会使存储数据丢失的存储器是(　　)。
   A. RAM　B. 硬盘　C. ROM　D. 软盘
5. 计算机的性能主要取决于(　　)。
   A. 磁盘容量、内存容量、键盘　B. 运算速度、存储器指标和I/O速度
   C. 显示器分辨率、打印机的配置　D. 操作系统、系统软件、应用软件
6. 下列各进制数中最小的数是(　　)。
   A. $(1011100)_B$　B. $(135)_O$　C. $(54)_H$　D. $(94)_D$
7. 在Windows中删除某程序的快捷方式图标,表示(　　)。
   A. 既删除了图标,又删除了程序
   B. 隐藏了图标,删除了与该程序的联系
   C. 将图标存在剪贴板,同时删除了与该程序的联系
   D. 只删除了图标,而没有删除该程序
8. Windows中,复制命令的快捷键是(　　)。
   A. <Ctrl>+V　B. <Ctrl>+C
   C. <Ctrl>+V　D. <Ctrl>+Z
9. 在Word中要预览打印效果,可以通过(　　)实现。
   A. 页面视图　B. 打印预览　C. 普通视图　D. 打印

10. 在 Excel 工作表中，第 11 行第 14 列单元格地址可表示为(　　)。

A. N10　　B. M10　　C. N11　　D. M11

11. Powerpoint 是 Microsoft office 组件之一，它的作用是(　　)。

A. 文字处理　　B. 电子表格　　C. 演示文稿　　D. 处理数据

12. 不属于多媒体技术特点的是(　　)。

A. 多样性　　B. 集成性　　C. 交互性　　D. 任意性

13. LAN 通常是指(　　)。

A. 广域网　　B. 资源子网　　C. 城域网　　D. 局域网

14. OSI 参考模型的基本结构一共分为(　　)。

A. 7 层　　B. 6 层　　C. 5 层　　D. 4 层

15. 为了能在 Internet 上正确的通信，每台网络设备和主机都分配了唯一的地址，该地址由数字并用小数点分隔开，它称为(　　)。

A. TCP 地址　　B. IP 地址

C. WWW 客户机地址　　D. WWW 服务器地址

16. Internet 是(　　)类型的网络。

A. 局域网　　B. 城域网　　C. 广域网　　D. 企业网

17. Photoshop 是一款(　　)软件。

A. 杀毒软件　　B. 三维设计软件　　C. 网页制作软件　　D. 图像处理软件

18. 下列域名中，属于教育机构的是(　　)。

A. www. hnhy. edu. cn　　B. ftp. cnc. ac. cn

C. www. cnnic. net. cn　　D. www. ioa. ac. cn

19. 计算机网络按其覆盖的范围，可划分为(　　)。

A. 星形结构、环形结构和总线结构　　B. 局域网、城域网和广域网

C. 以太网和移动通信网　　D. 电路交换网和分组交换网

20. 计算机病毒是一种(　　)。

A. 微生物　　B. 图标　　C. 程序　　D. 化学感染

二、填空题(本题共 10 小题，每空 1 分，共 20 分)

1. 一台计算机主要由________和________两大系统组成。

2. 在计算机内部，使用的是________进制的数据形式。

3. 在 Word 中，有四种视图方式，分别为________，________，________和________。

4. Excel 文件的扩展名为________。

5. ________是当今世界上最大的计算机网络通讯系统。

6. Internet 使用________协议组，负责网上信息的传输和将传输的信息转换成用户能识别的信息。

7. 在 Word 中，按键可以开始一个新的段落；按________键可以删除插入点右边的字符；按________键可以删除插入点左边的字符。

8. 用户名为 yuanyi，连接服务商主机名为 hnhy. edu. cn，则其 E-mail 地址为________________________。

9. 计算机网络常用的基本拓扑结构有________、________、________等。

10. 剪切、复制、粘贴的快捷键分别为________、________和________。

三、判断题(本题共5小题,每小题2分,共10分)

题号	1	2	3	4	5
答案					

1. 在Excel中,如果输入单元格中数据宽度大于单元格的宽度时,单元格将显示为“########”。
2. 单元格中输入分数1/2时,可直接输入1/2。
3. PowerPoint中的文字、图片无法添加动画效果。
4. 关闭当前窗口可以按<Alt>+F8组合键。
5. 强制关机、移动、插拔计算机硬件等对计算机没有危害。

四、简答题(本题共5小题,共30分)

1. 什么是计算机网络?(4分)

2. 简述OSI参考模型的结构。(7分)

3. 请简述怎样有效地防治计算机病毒。(10分)

4. 将十进制数67分别转换成二进制数、八进制、十六进制数。(9分)

模拟试卷 2

说明:本试卷共两页、四道大题,答卷一律在试卷规定处填写,答在其他处不得分。

一、单项选择题(本题共 10 小题,每小题 3 分,共 30 分。)

题号	1	2	3	4	5	6	7	8	9	10
答案										

1. 办公自动化系统是指(　　)。
   A. Office 软件
   B. 支持单位综合业务的集成化人—机交互系统
   C. 操作系统
   D. 局域网络
2. 关于格式刷的说法不正确的是(　　)。
   A. 要使文字或段落具有相同的设置,必须使用格式刷。
   B. 单击一次【格式刷】图标,只能使用一次,刷完格式后就变为箭头形状。
   C. 双击【格式刷】图标,可反复多次使用该【格式刷】进行多次复制格式。
   D. 双击【格式刷】图标,只能再单击【格式刷】按钮才能结束格式复制。
3. 在 Word 的表格中,要删除一列,操作是(　　)。
   A. 可以选中列,按<Del>键
   B. 可以选中列,单击【编辑】菜单的【剪切】命令
   C. 可以选中列,单击【编辑】菜单的【删除】命令
   D. 插入点置于该列的任一单元格内,单击【表格】菜单的【删除列】命令
4. 在 Excel 中若选取不连续的单元格区域,应先按住以下哪个键,然后单击所需要的单元格或者选定相邻单元格区域(　　)。
   A. <Alt>　　B. <Tab>
   C. <Shift>　　D. <Ctrl>
5. 关于 Excel 的数据筛选,下列说法中正确的是(　　)。
   A. 筛选后的表格中只含有符合筛选条件的行,其他行被删除
   B. 筛选后的表格中只含有符合筛选条件的行,其他行被暂隐藏
   C. 筛选条件只能是一个固定的值
   D. 筛选条件不能由用户自定义,只能由系统确定
6. 在 Excel 中,下列地址为绝对引用的是(　　)。
   A. F$2　　B. $F2　　C. F2　　D. F2
7. 在 Excel 中,公式输入必须以下列哪个符号开头(　　)。
   A. (　　B.)　　C. =　　D. “
8. 幻灯片的视图方式有几种(　　)。
   A. 4　　B. 5　　C. 6　　D. 7

9. 目前 IP 地址的编码采用固定的多少位二进制地址格式(　　)。

A. 8　　B. 16　　C. 32　　D. 64

10. 电子邮件地址由@分隔成两部分,其中@符号前为(　　)。

A. 本机域名　　B. 用户名　　C. 机器名　　D. 密码

二、判断题(本题共 10 小题,每小题 3 分,共 30 分。)

题号	1	2	3	4	5	6	7	8	9	10
答案										

1. 目前办公活动存在两种模式:个人办公和群体办公。
2. 在文档编辑中,从广义上来讲,在任何操作之前都必须对文本进行选定。
3. Word 中的【自动更正】能更正输入中的任何错误。
4. Excel 中一次只能添加一个工作表。
5. 单元格是 Excel 工作表的基本元素和最小的独立单位。
6. Excel 中排序时,无论是递增还是递减排序,空白单元格总是排在最后。
7. PPT 中不能直接插入图表,必须在 Word 或 Excel 中制作好,并复制粘贴过来。
8. IP 地址只能表达为十进制格式。
9. 网络按照规模和覆盖范围可分为局域网、广域网和城域网三种。
10. 当 Excel 公式中单元格内容数据变化时,公式会自动计算相应的结果。

三、填空题(本题共 5 小题,每小题 4 分,共 20 分。)

1. 在 Word 中某一段落内双击鼠标,可以实现________。
2. Word 中制作表格的方法有两种:插入表格法和________________。
3. Excel 对数据表中的数据分类汇总前应该对数据库按照汇总字段进行________。
4. 在 PowerPoint 中,________是将文本、字符、图形等对象与一个幻灯片、演示文稿、一个文稿等之间建立一种链接关系。
5. 办公自动化一般可以分为事务处理型、管理控制型和________________。

四、简答题(本题共 2 小题,每小题 10 分,共 20 分。)

1. 简述文档处理的操作流程以及各个步骤的主要工作。(10 分)

2. 简述现代办公中电子表格制作的软件选取的原则(10 分)

模拟试卷 3

说明：本试卷共两页、三道大题，答卷一律在试卷规定处填写，答在其他处不得分。

一、单项选择题（本题共 10 小题，每小题 4 分，共 40 分。）

题号	1	2	3	4	5	6	7	8	9	10
答案										

1. 第四代计算机的主要元器件采用的是（　　）。
   A. 小规模集成电路　　B. 晶体管
   C. 电子管　　D. 大规模和超大规模集成电路
2. 计算机中数据的表示形式是（　　）。
   A. 八进制　　B. 十进制　　C. 二进制　　D. 十六进制
3. 计算机能够直接执行的计算机语言是（　　）。
   A. 高级语言　　B. 符号语言　　C. 汇编语言　　D. 机器语言
4. WPS 和 Word 等字处理软件属于（　　）。
   A. 网络软件　　B. 管理软件
   C. 应用软件　　D. 系统软件
5. 在 Word 中，将鼠标指针移到文档左侧的选定区并要选定整个文档，鼠标的操作是（　　）。
   A. 单击右键　　B. 单击左键
   C. 双击左键　　D. 三击左键
6. 在 Word 的编辑状态中，对已经输入的文档进行分栏操作，需要使用的菜单命令是（　　）。
   A. 视图　　B. 编辑　　C. 格式　　D. 工具
7. 按网络规模的大小划分，下列类型中不属于该划分方法的是（　　）。
   A. 局域网　　B. 无线网
   C. 城域网　　D. 广域网
8. 电子邮件地址由两部分组成，用@分开，其中@前为（　　）。
   A. 用户名　　B. 密码
   C. 本机域名　　D. 机器名
9. 在 PowerPoint 中，不能编辑和修改幻灯片的视图方式是（　　）。
   A. 大纲视图　　B. 幻灯片浏览视图
   C. 普通视图　　D. 幻灯片放映视图
10. 在 Excel 中，默认状态下单元格内文字的对齐方式是（　　）。
   A. 左对齐　　B. 居中对齐
   C. 右对齐　　D. 两端对齐

二、**计算题**（本题共 2 小题，共 20 分。）

1. 将十进制数 88.6875 转换为二进制数。（15 分）

2. 将二进制数 1101101.101 转换为十六进制数。（5 分）

三、**问答题**（本题共 3 小题，共 40 分。）

1. 计算机系统的组成包括哪两个部分？各部分的主要组成有哪些？（10 分）

2. 简述冯·诺依曼结构计算机的设计思想。（10 分）

3. 简述计算机网络的功能和构成。（20 分）

模拟试卷 4

说明：本试卷共两页、四道大题，答卷一律在试卷规定处填写，答在其他处不得分。

一、单项选择题（本题共 15 小题，每小题 2 分，共 30 分。）

题号	1	2	3	4	5	6	7	8	9	10	11	12	13	14	15
答案															

1. 操作系统是一种（　　）。
   A. 应用软件　　B. 系统软件　　C. 工具软件　　D. 调试软件
2. 冯·诺依曼计算机工作原理的设计思想是（　　）。
   A. 程序编制　　B. 程序存储　　C. 程序设计　　D. 算法设计
3. 在 Excel 中，打印工作表前就能看到实际打印效果的操作是（　　）。
   A. 仔细观察工作表　　B. 打印预览　　C. 页面设置　　D. 按 F8 键
4. 在 Word 中，将整个文档选定的快捷键是（　　）。
   A. <Ctrl>+A　　B. <Ctrl>+V　　C. <Ctrl>+X　　D. <Ctrl>+C
5. 下列不属于计算机网络拓扑结构的是（　　）。
   A. 星型　　B. 环型　　C. 三角型　　D. 总线型
6. 计算机中存储信息的最小单位是（　　）。
   A. 字节　　B. 字　　C. 位　　D. 区
7. Office Word 2010 默认的演示文稿扩展名是（　　）。
   A. pttx　　B. pptx　　C. docx　　D. poc
8. 计算机硬件能直接识别和执行的只有哪种语言（　　）。
   A. 符号语言　　B. 高级语言　　C. 汇编语言　　D. 机器语言
9. 永久删除文件或文件夹的方法是，在单击“删除”选项或 DEL 的同时按
   A. <Ctrl>键　　B. <Shift>键　　C. <Alt>键　　D. <Tab>键
10. 电子邮件地址由两部分组成，用@分开，其中@前为（　　）。
    A. 用户名　　B. 密码　　C. 本机域名　　D. 机器名
11. 从 www. nihao. edu. cn 可以看出，它是中国一个（　　）部门的网站。
    A. 政府　　B. 军事　　C. 工商　　D. 教育
12. 在 Excel 的表格操作中，计算求和的函数是（　　）。
    A. Total　　B. Count　　C. Average　　D. Sum
13. 计算机病毒是一种（　　）。
    A. 程序或代码　　B. 游戏软件
    C. 带细菌的磁盘　　D. 被损坏的文件
14. Windows 7 是一种（　　）。
    A. 操作系统　　B. 字处理软件　　C. 工具软件　　D. 图形软件

15. 如果在 Excel 的单元格中输入数据“10/5”，默认情况下将显示(　　)。

A. 10/5　　B. 2　　C. 10÷5　　D. 10 月 5 日

二、判断题(本题共 10 小题，每小题 3 分，共 30 分。)

题号	1	2	3	4	5	6	7	8	9	10
答案										

1. Word 2010 文档的默认扩展名是. docx。
2. 计算机必须要有一个 IP 地址才能连接到 Internet。
3. 计算机断电后，RAM 中的程序及数据不会丢失。
4. Excel 提供了两种筛选方式：自动筛选和手动筛选。
5. Excel 的工作表背景是不能打印出来的。
6. 在 Excel 中，单元格地址 D8 表示的是第 4 行第 8 列。
7. 存储器的容量 2MB=2000KB。
8. 在 Excel 中，公式都是以加号开始的。
9. Modem 的作用是将数字信号与模拟信号相互转换。
10. 在 Windows 7 中可以同时打开多个窗口，但只有一个是活动窗口。

三、计算题(本题共 2 小题，每小题 5 分，共 10 分。)

1. 把 10CH 转换为二进制数，写出计算过程。

2. 把二进制数 1101011. 01 转换为八进制数，写出计算过程。

四、简答题(本题共 3 小题，每小题 10 分，共 30 分。)

1. 计算机系统的组成包括哪两个部分？各部分的主要组成有哪些？(10 分)

2. 什么是计算机网络？它的功能主要有哪些？(10 分)

3. 在 Word 文档中，关闭文档的方法？(至少写出五种方法)(10 分)

模拟试卷 5

说明:本试卷共两页、4 道大题,答卷一律在试卷规定处填写,答在其他处不得分。

一、单项选择题(本题共 15 小题,每小题 2 分,共 30 分。)

题号	1	2	3	4	5	6	7	8	9	10	11	12	13	14	15
答案															

1. 第二代电子计算机使用的电子器件是(　　)。
   A. 电子管　　B. 晶体管
   C. 中小规模集成电路　　D. 超大规模集成电路
2. 计算机硬件能直接执行的只有(　　)。
   A. 符号语言　　B. 汇编语言
   C. 机器语言　　D. 机器语言和汇编语言
3. 和内存储器相比,外存储器的特点是(　　)。
   A. 容量大,速度快,成本低　　B. 容量大,速度慢,成本低
   C. 容量小,速度快,成本高　　D. 容量小,速度快,成本低
4. 运算器的主要功能是进行(　　)。
   A. 逻辑运算　　B. 算术运算
   C. 只作加法　　D. 逻辑运算和算术运算
5. 1011B×101B 的值是(　　)。
   A. 110011B　　B. 101111B　　C. 101011B　　D. 110111B
6. 在 Word 中,可以删除光标左边的一个字符的键是(　　)。
   A. ＜Delete＞　　B. ＜Back Space＞
   C. ＜Ctrl＞　　D. ＜Alt＞
7. 在 Excel 中,A1 单元格设定其数字格式为整数,当输入"23. 78"时,显示为(　　)。
   A. 23　　B. 23. 78　　C. 24　　D. 出错
8. 求工作表中 H7 到 H9 单元格中数据的和,不可用(　　)。
   A. =H7+H8+H9　　B. =SUM(H7:H9)
   C. =(H7+H8+H9)　　D. =SUM(H7+H9)
9. 在 Word 中,要设置字符颜色,应选择【格式】菜单下的(　　)命令。
   A. 样式　　B. 段落　　C. 格式　　D. 字体
10. 在 Word 中,将整篇文档内容选定的快捷键是(　　)。
    A. ＜Ctrl＞+A　　B. ＜Ctrl＞+V　　C. ＜Ctrl＞+X　　D. ＜Ctrl＞+C
11. 插入一张新幻灯片的方法是(　　)。
    A. 单击工具栏的【新幻灯片】按钮　　B. 【插入】菜单下的【新幻灯片】项
    C. 按快捷键＜Ctrl＞+M　　D. 以上方法均可
12. 192. 168. 139. 20 是 Internet 上一台计算机的(　　)。
    A. IP 地址　　B. 域名　　C. 名称　　D. 命令

13. 下列关于网络病毒认识错误的是(　　)。

A. 网络病毒不会对网络传输造成影响　B. 病毒传播速度快

C. 传播媒介是网络　D. 可通过电子邮件传播

14. 今天 Internet 的前身是(　　)。

A. Internet　B. Arpanet　C. Novell　D. LAN

15. 屏幕保护程序的作用是(　　)。

A. 保护眼睛　B. 保护身体　C. 保护显示器　D. 保护软件

二、填空题(本题共 10 个空,每空 3 分,共 30 分。)

1. 计算机的软件系统由系统软件和________组成。
2. Word 的四种视图方式,分别为普通视图、Web 版式视图、________和________。
3. Excel 的活动单元格在第八行 E 列,则该单元格的名称框显示为________。
4. Excel 在默认的情况下,数字在单元格中居________对齐,文字居________对齐。
5. PowerPoint 中进行保存文档时,系统默认的文件类型是________。
6. 计算机网络上每一台计算机必须指定一个唯一的________地址。
7. 目前世界上最大的计算机互联网是________。
8. OSI 参考模型的七个层次,从最高层起,分别是________、表示层、会话层、网络层、数据链路层、物理层。

三、计算题(本题共 2 小题,每小题 5 分,共 10 分。)

1. 将二进制数 101101011010 转换为八进制数和十六进制数,写出计算过程。

2. 将十进制数 75 转换为二进制数,用倒序取余法,请写出计算过程。

四、简答题(本题共 3 小题,共 30 分。)

1. 简述计算机的工作过程。(10 分)

2. 使用快捷键的方法完成对一段文字的移动,写出其 4 个操作步骤。(10 分)

3. 常见的网络硬件有哪些?网络软件通常包括哪三类?(10 分)

模拟试卷 6

说明：本试卷共两页、三道大题，答卷一律在试卷规定处填写，答在其他处不得分。

一、单项选择题（本题共 10 小题，每小题 3 分，共 30 分。）

题号	1	2	3	4	5	6	7	8	9	10
答案										

1. 计算机硬件的五大基本构件包括运算器、存储器、输入/输出设备和(　　)。
   A. 显示器　　B. 控制器　　C. 内存　　D. 主机
2. 断电会使存储数据丢失的存储器是(　　)。
   A. RAM　　B. 硬盘　　C. ROM　　D. 软盘
3. 计算机的性能主要取决于(　　)。
   A. 磁盘容量、内存容量、键盘　　B. 运算速度、存储器指标和 I/O 速度
   C. 显示器分辨率、打印机的配置　　D. 操作系统、系统软件、应用软件
4. 操作系统是(　　)的接口。
   A. 主机和外设　　B. 系统软件和应用软件
   C 用户和计算机硬件　　D. 高级语言和机器语言
5. 计算机病毒是一种(　　)。
   A. 微生物　　B. 化学感染　　C. 图标　　D. 程序
6. 运算器和控制器集成在一起，形成(　　)。
   A. CPU　　B. 主板　　C. 内存　　D. 软驱
7. 资源管理器中，要选定连续排列的若干文件，选定了第一个文件(　　)。
   A. 单击最后一个文件　　B. 按住＜Shift＞键，单击最后一个文件
   C. 按住＜Alt＞键，单击最后一个文件　　D. 按住＜Ctrl＞键，单击最后一个文件
8. LAN 通常是指(　　)。
   A. 广域网　　B. 资源子网　　C. 局域网　　D. 城域网
9. Powerpoint 是 Microsoft office 组件之一，它的作用是(　　)。
   A. 处理数据　　B. 电子表格　　C. 文字处理　　D. 演示文稿
10. 不属于多媒体技术特点的是(　　)。
    A. 任意性　　B. 多样性　　C. 集成性　　D. 交互性

二、填空题（本题共 10 小题，每小题 3 分，共 30 分。）

1. 一台计算机主要由硬件系统和 ________两大系统组成。
2. 在计算机内部，使用的是________进制的数据形式。
3. 在 Word 中，包括普通视图，Web 版式视图，大纲视图和________。
4. Word 2010 文件的扩展名为____________。
5. ____________是当今世界上最大的计算机网络通讯系统。

6. Internet 上采用的通信协议是____________。

7. 在 Word 中，按键____________可以删除插入点右边的字符，按<Back space>键可以删除插入点左边的字符。

8. 用户名为 huayu，连接服务商主机名为 hnhy、edu、cn，则其 E-mail 地址为____________。

9. 在 Excel 的公式中，可以使用的运算符主要有算术运算符、文字运算符和____________运算符。

10. 单击网页中的____________可以使我们转到其他的网页进行浏览。

三、简答题（本题共 5 小题，每小题 8 分，共 40 分）

1. 简述 Windows7 的特点。

2. 什么计算机网络？

3. 简述冯·诺依曼结构计算机的设计思想。

4. 简述访问互联网时，提高计算机安全的方法？

5. 十进制数 37 转换成二进制数、十六进制数。

模拟试卷 7

说明：本试卷共两页、四道大题，答卷一律在试卷规定处填写，答在其他处不得分。

一、单项选择题（本题共 15 小题，每小题 2 分，共 30 分。）

题号	1	2	3	4	5	6	7	8	9	10	11	12	13	14	15
答案															

1. 计算机中存储和表示信息的基本单位是（　　）。
   A. 位　　B. 字节　　C. 机器字　　D. 扇区
2. 我们常用的计算机属于（　　）。
   A. 巨型机　　B. 大型机　　C. 微型机　　D. 服务器
3. 计算机内部采用的数制是（　　）。
   A. 十进制　　B. 十六进制　　C. 八进制　　D. 二进制
4. 在 Word 中，设置字符格式时，不能设置的是（　　）。
   A. 行间距　　B. 字体　　C. 字号　　D. 字符颜色
5. PowerPoint 演示文稿文件的默认扩展名是（　　）。
   A. . docx　　B. . pptx　　C. . xls　　D. . txtx
6. 下列存储器中，计算机断电后信息和数据会消失的是（　　）。
   A. RAM　　B. ROM
   C. 磁盘存储器　　D. 光盘存储器
7. 在同一磁盘上按下＜Ctrl＞键的同时拖动文件或文件夹执行（　　）。
   A. 移动该对象　　B. 无任何操作　　C. 复制该对象　　D. 删除该对象
8. 存储器的容量 1GB 和下面哪一个选项相等（　　）。
   A. 1024TB　　B. 1024KB　　C. 1024GB　　D. 1024MB
9. Excel 中，单元格的名称由什么组成（　　）。
   A. 行号　　B. 列标
   C. 列标在前，行号在后　　D. 行号在前，列标在后
10. 在 Excel 的表格操作中，计算平均值的函数是（　　）。
    A. Total　　B. Count　　C. Average　　D. Sum
11. 在 Excel 中，在单元格中输入数值数据和文本数据，默认的对齐方式是
    A. 全部左对齐　　B. 全部右对齐
    C. 右对齐和中间对齐　　D. 右对齐和左对齐
12. 在 Excel 工作表中，表示绝对引用地址的符号是（　　）。
    A. #　　B. ?　　C. $　　D. &
13. 在 Word 中，可以删除光标左边的一个字符的键是（　　）。
    A. ＜Delete＞　　B. ＜Backspace＞　　C. ＜Ctrl＞　　D. ＜Alt＞

14. 在 Word 中，复制选定内容的快捷键是（　　）。

A. <Ctrl>+A　B. <Ctrl>+V　C. <Ctrl>+X　D. <Ctrl>+C

15. 下列什么方式不能用于放映幻灯片（　　）。

A. 按下 F6 键　B. 单击【视图】|【幻灯片放映】命令

C. 按下 F5 键　D. 单击【幻灯片放映】|【观看放映】命令

二、判断题（本题共 10 小题，每小题 2 分，共 20 分。）

题号	1	2	3	4	5	6	7	8	9	10
答案										

1. 一个文件的拷贝次数越多，得到的副文件内容与源文件的内容差别越大。
2. 常见的输出设备有显示器、打印机、键盘、鼠标。
3. 按照用途分类，计算机可以分为通用计算机和专用计算机。
4. 在 Excel 中，工作表行号是由 1 到 65536。
5. Excel 提供了两种筛选方式：自动筛选和手动筛选。
6. 计算机能直接识别的语言是机器语言。
7. 在“资源管理器中”，选定多个不连续的文件要使用 Shift 键。
8. 在一个演示文稿中能同时使用不同的模板。
9. 将当前窗口内容复制到剪贴板上，应按<Alt>+<Print Screen>键。
10. 在幻灯片上可以插入多种对象，除了可以插入图形、图表外，还可以插入公式、声音和视频等对象。

三、计算题（本题共 2 小题，每小题 10 分，共 20 分。）

1. 将八进制数 3336.34 转换为十六进制数，写出计算过程。

2. 将十进制数 28.625 转换为二进制数，写出计算过程。

四、简答题（本题共 3 小题，每小题 10 分，共 30 分。）

1. 计算机系统的组成包括哪两个部分，各部分的主要组成有哪些？

2. 简述 Excel 中绝对引用、相对引用和混合引用的区别。

3. 什么是计算机网络？计算机网络的主要功能有哪些？

模拟试卷 8

说明：本试卷共三页、三道大题，答卷一律在试卷规定处填写，答在其他处不得分。

一、单项选择题（本题共 10 小题，每小题 3 分，共 30 分。）

题号	1	2	3	4	5	6	7	8	9	10
答案										

1. 目前，制造计算机所用的电子元件是（　　）。

A. 晶体管　　B. 电子管

C. 集成电路　　D. 超大规模集成电路

2. 一台完整的微型机有储存器、输入设备、输出设备和（　　）组成

A. 键盘　　B. 软盘　　C. 硬盘　　D. 中央处理器

3. Windows 7 是一种（　　）。

A. 字处理软件　　B. 操作系统

C. 工具软件　　D. 图形软件

4. 在 Windows 7 中，用鼠标选中不连续的文件的操作是（　　）。

A. 单击一个文件，然后单击另一个文件

B. 双击一个文件，然后双击另一个文件

C. 单击一个文件，然后按住＜Ctrl＞键单击另一个文件

D 单击一个文件，然后按住＜Shift＞键单击另一个文件

5. 在 Word 的编辑状态下，选中文件中的一行然后按＜Del＞键，将（　　）。

A. 删除被选中的一行　　B. 删除被选中行及其后的所有内容

C. 删除插入点所在的行　　D. 删除插入点及其之前的所有内容

6. 在 Word 中，要设置字体的颜色，应先选中文字，再选择【格式】菜单中的（　　）。

A. 式样　　B. 字体　　C. 段落　　D. 颜色

7. 在 Excel 工作表中，表示绝对引用地址的符号是（　　）。

A. ＃　　B. $　　C. ?　　D. &

8. Powerpoint 2010 默认的演示文稿扩展名为（　　）。

A. . pttx　　B. . doc　　C. . pptx　　D. . pocx

9. 下列哪种方式不能用于幻灯片放映（　　）。

A. 单击【视图】|【幻灯片放映】命令

B. 单击【幻灯片放映】|【观看幻灯片】命令

C. 按下 F6 键

D. 按下 F5 键

10. 一般在哪种视图下查看幻灯片是否有错误（　　）。

A. 普通视图　　B. 浏览视图　　C. 大纲视图　　D. 备注页视图

二、填空题(本题共 10 小题,每题 3 分,共 30 分)

1. $(1001)_2=(\_\_\_\_\_\_\_\_)_{10}$。

2. 在 Excel 中,如果在单元格中输入 4/5,默认情况下显示为________。

3. 查看计算机的 CPU 和内存类型的操作方法是:右键单击【我的电脑】| 左键单击【________】| 单击【常规】。

4. 创建新工作表的快捷键是________________。

5. 在 Word 中页边距的设置可以使用标尺来快速完成,也可以使用________进行快速设置。

6. 字符格式设置好以后,如果在其他的字符当中也要应用相同的字符格式,我们也可以使用____________________将字符格式复制到其他字符中,而不需要重新设置。

7. 文本框是指插入文档中的一种可以________的文本块。使用文本框我们可以很容易的在同一页面中插入不同内容、不同方向、不同填充效果的文字块。

8. 表格的斜线表头可以使用鼠标单击【表格和边框】中【绘制表格】按钮绘制,也可以使用________________对话框绘制。

9. Excel 在默认的情况下,数字在单元格中居____________对齐,文字居________对齐,也可以使用常用工具栏中对齐按钮进行更正。

10. 在 Excel 中输入的公式或函数,总是以________开头的。

三、简答题(本题共 3 题,每题 8 分,共 24 分)

1. 计算机软件与硬件的关系是什么?

2. 简述冯·诺依曼结构的计算机设计思想?

3. 简述更改计算机桌面背景的操作方法?

四、综合题(本题 2 小题,每题 8 分,共 16 分)

1. 在 Excel 工作表中,如何给工作表重命名? 如何改变工作表标签的颜色? 请简述其操作步骤。

2. 在 Powerpoint 中创建一张新的幻灯片,如何插入一张来自文件中的图片? 如何插入来自剪辑管理器中的声音? 请简述其操作步骤?

模拟试卷 9

说明：本试卷共三页、三道大题，答卷一律在试卷规定处填写，答在其他处不得分。

一、单项选择题（本题共 20 小题，每小题 2 分，共 40 分）

题号	1	2	3	4	5	6	7	8	9	10
答案										
题号	11	12	13	14	15	16	17	18	19	20
答案										

1. 计算机硬件的五大基本构件包括运算器、存储器、输入/输出设备和(　　)。

A. 显示器　　B. 控制器　　C. 内存　　D. 主机

2. 断电会使存储数据丢失的存储器是(　　)。

A. RAM　　B. 硬盘　　C. ROM　　D. 软盘

3. 计算机的性能主要取决于(　　)。

A. 磁盘容量、内存容量、键盘　　B. 运算速度、存储器指标和 I/O 速度

C. 显示器分辨率、打印机的配置　　D. 操作系统、系统软件、应用软件

4. 操作系统是(　　)的接口。

A. 主机和外设　　B. 系统软件和应用软件

C. 用户和计算机硬件　　D. 高级语言和机器语言

5. 计算机病毒是一种(　　)。

A. 微生物　　B. 化学感染　　C. 图标　　D. 程序

6. 运算器和控制器集成在一起，形成(　　)。

A. CPU　　B. 主板　　C. 内存　　D. 软驱

7. 资源管理器中，要选定连续排列的若干文件，选定了第一个文件(　　)。

A. 单击最后一个文件

B. 按住<Shift>键，单击最后一个文件

C. 按住<Alt>键，单击最后一个文件

D. 按住<Ctrl>键，单击最后一个文件

8. LAN 通常是指(　　)。

A. 广域网　　B. 资源子网

C. 局域网　　D. 城域网

9. Powerpoint 是 Microsoft office 组件之一，它的作用是(　　)。

A. 处理数据　　B. 电子表格

C. 文字处理　　D. 演示文稿

10. 不属于多媒体技术特点的是(　　)。

A. 任意性　　B. 多样性　　C. 集成性　　D. 交互性

11. 从第一代计算机到第四代计算机的体系结构都是相同的，这种体系结构称为（　　）体系结构。

A. 艾兰·图灵　　B. 冯·诺依曼　　C. 比尔·盖茨　　D. 罗伯特·诺依斯

12. 下列不属于计算机网络的拓扑结构的是（　　）。

A. 星型　　B. 环型　　C. 三角型　　D. 总线型

13. Internet 是（　　）类型的网络。

A. 局域网　　B. 城域网　　C. 企业网　　D. 广域网

14. OSI 参考模型的基本结构一共分为（　　）。

A. 7 层　　B. 6 层　　C. 5 层　　D. 4 层

15. Excel 中我们直接处理的对象称为工作表，若干工作表的集合称为（　　）。

A. 工作站　　B. 工作簿　　C. 字段　　D. 文件

16. Dreamweaver 是一款什么软件（　　）。

A. 杀毒软件　　B. 图像处理软件

C. 网页制作软件　　D. 三维设计软件

17. 从 www. hnhy. edu. cn 可以看出，它是中国一个部门（　　）的站点。

A. 政府　　B. 军事　　C. 工商　　D. 教育

18. 计算机网络按其覆盖的范围，可划分为（　　）。

A. 局域网、城域网和广域网　　B. 电路交换网和分组交换网

C. 以太网和移动通信网　　D. 星形结构、环形结构和总线结构

19. 在 Word2003 中要预览打印效果，可以通过（　　）实现。

A. 页面视图　　B. 打印预览　　C. 普通视图　　D. 打印

20. 计算机病毒按照寄生方式可分为 3 种，哪种不是（　　）。

A. 引导型　　B. 文件型　　C. 隐蔽型　　D. 复合型

二、填空题（本题共 11 小题，每空 1 分，共 20 分）

1. 一台计算机主要由____________ 和 ____________两大系统组成。

2. 在计算机内部，使用的是________进制的数据形式。

3. 在 Word 中，包括普通视图，Web 版式视图，大纲视图和________。

4. Word 2010 文件的扩展名为____________。

5. ____________是当今世界上最大的计算机网络通讯系统。

6. Internet 上采用的通信协议是____________。

7. 在 Word 中，按________键可以删除插入点右边的字符；按________键可以删除插入点左边的字符。

8. 用户名为 huayu，连接服务商主机名为 hnhy. edu. cn，则其 E-mail 地址为__________。

9. 在 Excel 的公式中，可以使用的运算符主要有__________、__________、__________。

10. 单击网页中的________，可以使我们转到其他的网页进行浏览。

11. Norton 是________软件，360 安全卫士是________软件，Flash 是________软件，迅雷是________软件，WinRaR 是________软件，百度是一个好用的________引擎网站。

三、判断题（本题共 5 小题，每小题 2 分，共 10 分）

题号	1	2	3	4	5
答案					

1. Excel 应用程序窗口中打开、关闭和保存操作都是以工作簿为单位。
2. 强制关机、移动插拔计算机硬件等对计算机没有危害。
3. 病毒不会通过计算机网络传播。
4. PowerPoint 中的文字、图片无法添加动画效果。
5. 多媒体技术是指能对多种载体（媒介）上的信息和多种存储体（媒质）上的信息进行处理的技术。

四、简答题与计算题（本题共 5 小题，每小题 6 分，共 30 分）

1. Windows 7 的特点？

2. 什么计算机网络？

3. 简述冯·诺依曼结构计算机的设计思想？

4. 简述访问互联网时，提高计算机安全的方法？延长电脑寿命的方法？

5. 十进制数 37 转换成二进制数、八进制、十六进制数（要求写出转化过程）。

模拟试卷 10

说明：本试卷共两页、五道大题，答卷一律在试卷规定处填写，答在其他处不得分。

一、单项选择填空题（本题共 15 小题，每小题 2 分，共 30 分）

题号	1	2	3	4	5	6	7	8	9	10	11	12	13	14	15
答案															

1. 第四代电子计算机使用的电子器件是（　　）。
   A. 集成电路　　B. 晶体管
   C. 电子管　　D. 超大规模集成电路
2. 下列四种设备中，属于计算机输入设备的是（　　）。
   A. 音箱　　B. 显示器
   C. 打印机　　D. 键盘
3. 计算机中的数是用二进制表示的，它的特点是逢（　　）进一。
   A. 2　　B. 8　　C. 10　　D. 16
4. 微型计算机中的 ROM 是（　　）。
   A. 随机存储器　　B. 只读存储器
   C. 顺序存储器　　D. 高速缓冲存储器
5. 1011B×101B 的值是（　　）。
   A. 110111B　　B. 101111B
   C. 101011B　　D. 101101B
6. 在 Word 中，要设置字符颜色，应先选定文字，再选择格式菜单下的（　　）命令。
   A. 样式　　B. 段落
   C. 格式　　D. 字体
7. 在 Excel 的表格操作中，计算求和的函数是（　　）。
   A. Sum　　B. Count
   C. Average　　D. Total
8. 在 Excel 中输入的公式或函数总是以（　　）开始的。
   A. 等号　　B. 加号　　C. 减号　　D. 空格
9. 从第一代计算机到第四代计算机的体系结构都是相同的，这种体系结构的计算机称为（　　）型计算机。
   A. 比尔·盖茨　　B. 艾兰·图灵
   C. 冯·诺依曼　　D. 罗伯特·诺依斯
10. PowerPoint 是 Microsoft Office 系列软件的一个成员，用它可制作（　　）。
    A. 数据库　　B. 电子表格
    C. 演示文稿　　D. 文本文档

11. 在 Word 中,将文档保存的快捷键是(　　)。

A. <Ctrl>+A　　B. <Ctrl>+N　　C. <Ctrl>+O　　D. <Ctrl>+S

12. 下列不属于计算机网络拓扑结构的是(　　)。

A. 星型　　B. 环型　　C. 三角型　　D. 总线型

13. 在 Excel 中,绝对引用的引用形式是在相对引用的列标和行号前加一个(　　)符号。

A. #　　B. $　　C. *　　D. %

14. 计算机病毒按照寄生方式可分为三种,下列错误的一项是(　　)。

A. 引导型　　B. 文件型　　C. 复合型　　D. 隐蔽型

15. LAN 通常是指(　　)。

A. 网际网　　B. 广域网　　C. 局域网　　D. 城域网

二、填空题(本题共 10 小题,每空 2 分,共 24 分)

1. 世界上第一台电子计算机的英文名称是________。

2. CPU 是由________和________组成的。

3. 将十进制数 25 转换成二进制数是________。

4. 在运行对话框的打开文本框中输入________,然后单击确定按钮可以快速启动 Excel。

5. 在 Word 的编辑状态,将剪贴板上的内容粘贴到当前光标处,使用的快捷键是________。

6. 在 Excel 中,单元格地址 D8 表示的是第________行第________列。

7. Windows 操作系统属于____________。

8. 硬盘工作时应特别注意避免________。

9. 在 Word 中,按________键可以删除光标左边的一个字符。

10. Internet 使用________协议组,负责网上信息的传输和将传输的信息转换成用户能识别的信息。

三、判断题(本题共 10 小题,每小题 2 分,共 20 分)

题号	1	2	3	4	5	6	7	8	9	10
答案										

1. 计算机的存储器分为内存和外存两种。

2. 计算机的存储容量 1KB=1000B。

3. 在 Word 中最多可以创建三级别的多级符号。

4. Excel 提供了两种筛选方式,分别是自动筛选和高级筛选。

5. 在 Excel 中可以使用填充柄自动填充相同的数据。

6. 在 Word 文档的插入点处按一下<Delete>键可删除插入点右边的一个字符。

7. PowerPoint 演示文稿的扩展名是. pptx。

8. Flash 是一种声音处理软件。

9. 处在同一局域网中的多台计算机,IP 地址一定不能相同。

10. 星型拓扑结构的中心节点出现故障可能造成全网瘫痪。

四、简答题(本题共 2 小题,共 26 分)

1. 组成计算机硬件系统的五大功能部件是什么?(13 分)

2. 简述如何使用快捷键完成一段文本的复制。(13 分)

学年第　学期期末考试

学院　级　专业《计算机应用基础》试卷

姓名：＿＿＿＿＿　学号：＿＿＿＿＿　班级：＿＿＿＿＿　任课教师：＿＿＿＿＿

说明：本试卷共三页、五道大题，答卷一律在试卷规定处填写，答在其他处不得分。

一、单项选择题（本题共15小题，每小题2分，共30分。）

题号	1	2	3	4	5	6	7	8	9	10	11	12	13	14	15
答案															

1. 计算机中存储信息的最小单位是（　　）。

A. 扇区　　B. 位　　C. 字　　D. 字节

2. 世界上第一台电子数字计算机产生的时间是（　　）。

A. 1944年　　B. 1945年　　C. 1946年　　D. 1947年

3. 计算机内部采用的数制是（　　）。

A. 二进制 B 八进制C. 十进制　　D. 十六进制

4. office办公软件中，撤销命令是（　　）。

A. ＜Ctrl＞＋A　　B. ＜Ctrl＞＋C

C. ＜Ctrl＞＋Z　　D. ＜Ctrl＞＋Y

5. 在Word中，设置字符格式时，不能设置的是（　　）。

A. 字体　　B. 行间距　　C. 字号　　D. 字符颜色

6. excel文件的默认扩展名是（　　）。

A. . docx　　B. . pptx　　C. . xlsx　　D. . txtx

7. 以下不属于PowerPoint视图的是（　　）。

A. 普通视图　　B. 大纲视图

C. 页面视图　　D. 幻灯片视图

8. 在Excel中，打印工作表前就能看到实际打印效果的操作是（　　）。

A. 仔细观察工作表　　B. 打印预览

C. 页面设置　　D. 按F8键

9. 在Word中，将整个文档选定的快捷键是（　　）。

A. ＜Ctrl＞＋A　　B. ＜Ctrl＞＋V

C. ＜Ctrl＞＋X　　D. ＜Ctrl＞＋C

10. 在Excel中，在单元格中输入数值数据，默认的对齐方式是（　　）。

A. 左对齐　　B. 右对齐　　C. 中间对齐　　D. 不确定

11. 如果在Excel的单元格中输入数据"10/5"，默认情况下将显示（　　）。

A. 10/5　　B. 2　　C. 10÷5　　D. 10月5日

12. 存储器的容量 1MB 和下面哪一个选项相等(　　)。

A. 1024TB　　B. 1024KB　　C. 1024GB　　D. 1024MB

13. 下列存储器中,计算机断电后信息和数据会消失的是(　　)。

A. RAM　　B. ROM　　C. 磁盘存储器　　D. 光盘存储器

14. 在 Word 2003 中,可以删除光标左边的一个字符的键是(　　)。

A. <Backspace>　　B. <Delete>　　C. <Ctrl>　　D. <Alt>

15. 在 Excel 的表格操作中,计算平均值的函数是(　　)。

A. Total　　B. Count　　C. Average　　D. Sum

二、判断题(本题共 10 小题,每小题 2 分,共 20 分。)

题号	1	2	3	4	5	6	7	8	9	10
答案										

1. 在 Excel 中,单元格地址 D8 表示的是第 4 行第 8 列。
2. PowerPoint 默认的演示文稿扩展名是 pptx。
3. 在 Windows 下,当一个应用程序窗口被最小化后,该应用程序暂停运行。
4. 键盘、鼠标、扫描仪都属于输入设备。
5. Modem 的作用是将数字信号与模拟信号相互转换。
6. 要选定多个不连续文件夹,可按住<Shift>键,然后依次单击各项。
7. 在 Excel 工作薄中,默认包含的工作表个数是 4 个。
8. 将当前窗口内容复制到剪贴板上,应按<Alt>+<PrintScreen>键。
9. 在 Windows 中可以同时打开多个窗口,但只有一个是活动窗口。
10. 要在应用程序窗口之间进行切换,应按<Alt>+<Tab>组合键。

三、计算题(本题共 3 小题,每小题 6 分,共 18 分。)

1. 将十六进制数 324A 转换为二进制数,写出计算过程。

2. 将二进制数 110100101. 101 转换为八进制数,写出计算过程。

3. 将十进制数 28.625 转换为二进制数，写出计算过程。

四、简答题（本题共 2 小题，每小题 10 分，共 20 分。）

1. 计算机系统的组成包括哪两个部分？各部分的主要组成有哪些？

2. 什么是计算机网络？计算机网络的主要功能有哪些？

五、论述题（本题共 1 小题，共 12 分。）

试论述 Office 2010 中 Word、Excel、PowerPoint 各软件的功能区别。

学年第　学期期末考试

学院　级　专业《计算机应用基础》试卷

姓名：________　学号：________　班级：________　任课教师：________

说明：本试卷共三页、4道大题，答卷一律在试卷规定处填写，答在其他处不得分。

一、单项选择题（本题共15小题，每小题2分，共30分。）

题号	1	2	3	4	5	6	7	8	9	10	11	12	13	14	15
答案															

1. Excel文件的扩展名是（　　）。

A. .txt　　B. .wps　　C. .xlsx　　D. .bmp

2. Excel中，把用来存储数据的文件称为（　　）。

A. 工作表　　B. 工作簿　　C. 数据库　　D. 数据表

3. PowerPoint中，使用（　　）菜单中的命令，在幻灯片中制作表格。

A. 幻灯片放映　　B. 插入　　C. 工具　　D. 格式

4. Windows 7窗口菜单命令后带有“...”，表示（　　）。

A. 它有下级菜单　　B. 选择该命令可打开对话框

C. 文字太长，没有全部显示　　D. 暂时不可用

5. 下列操作中，（　　）操作能关闭应用程序。

A. 按<Alt>＋F4快捷键

B. 右击应用程序窗口右上角的【关闭】按钮

C. 单击【文件】菜单，选择【保存】菜单项

D. 单击【任务栏】上的窗口图标

6. 若要给一篇Word文档进行段落设置，应该使用（　　）。

A. 【文件】菜单　　B. 【编辑】菜单　　C. 【视图】菜单　　D. 【格式】菜单

7. 在Word中，要设定表格的行高和列宽，应使用（　　）。

A. 【表格】菜单的【表格属性】命令

B. 【表格】菜单的【自动调整】命令

C. 【表格】菜单的【转换】命令

D. 【表格】菜单的【表格自动套用格式】命令

8. Excel中，“A2:E4”表示（　　）。

A. 左上角为A2、右下角为E4的单元格区域

B. A2和E4单元格

C. 2、3、4三行

D. A、B、C、D、E五列

9. 在 Excel 中输入文本时开头应为(　　)。

A. |+空格　　B. *+空格　　C. ′+空格　　D. 0+空格

10. 局域网的拓扑结构主要包括(　　)。

A. 总线结构、环型结构和星型结构　　B. 环网结构、单环结构和双环结构

C. 单环结构、双环结构和星型结构　　D. 网状结构、单总线结构和环型结构

11. 计算机中数据的表示形式是采用(　　)。

A. 八进制　　B. 十进制　　C. 二进制　　D. 十六进制

12. 在 Excel 中,单元格内文本默认的对齐方式是(　　)。

A. 左对齐　　B. 居中对齐　　C. 右对齐　　D. 两端对齐

13. 计算机能识别和直接执行的语言是(　　)。

A. 机器语言　　B. 符号化语言　　C. 汇编语言　　D. 低级语言

14. 不属于输入设备的是(　　)。

A. 鼠标　　B. 键盘　　C. 扫描仪　　D. 打印机

15. 希望设置幻灯片的切换方式,应该使用(　　)菜单。

A. 幻灯片放映　　B. 格式　　C. 视图　　D. 工具

二、填空题(本题共 10 小题,每小题 2 分,共 20 分。)

1. 快捷键__________用来保存。

2. 在 Word 中,“背景”在__________菜单下。

3. 1GB 等于________ MB。

4. 在 Excel 中,用________函数可以非常方便地进行求最大值。

5. 在各种输入法之间进行切换的快捷键是________。

6. 在 www. ruc. com. cn 中 com 代表________。

7. 相对光标位置而言,<Delete>键删除光标后面的字符,而________键则删除光标前面的字符。

8. 大写字母 A 的 ASCII 码是 01000001,大写字母 C 的 ASCII 码是________。

9. 在 Excel 中,默认的引用方式是________。

10. 要选定多个不连续文件夹,可按住________键,然后依次单击各项。

三、计算题(本题共 4 小题,每小题 5 分,共 20 分。)

1. 将十进制数 14 转换成二进制数。

2. 将八进制数 75 转换成二进制数。

3. 将二进制数 101101 转换为十进制数。

4. 将十六进制数 8A 转换成二进制数。

四、简答题(本题共 4 小题,共 30 分。)

1. 什么是计算机网络?计算机网络的功能有哪些?(10 分)

2. 解释程序和编译程序有何区别?(5 分)

3. 计算机硬件由哪几部分组成?(5 分)

4. 简述 Excel 中绝对引用、相对引用和混合引用的区别。(10 分)

学年第　学期期末考试

学院　级　专业《计算机应用基础》试卷

姓名：________　学号：________　班级：________　任课教师：________

说明：本试卷共三页、四道大题，答卷一律在试卷规定处填写，答在其他处不得分。

一、单项选择题(本题共 15 小题，每小题 2 分，共 30 分。)

题号	1	2	3	4	5	6	7	8	9	10	11	12	13	14	15
答案															

1. 在 Word 的编辑状态中，按钮表示的含义是(　　)。

A. 打印文档　B. 保存文档　C. 创建新文档　D. 打开文档

2. 冯·诺依曼计算机工作原理的设计思想是(　　)。

A. 程序编制　B. 程序存储　C. 程序设计　D. 算法设计

3. 一个完整的计算机硬件系统一般包括外部设备和(　　)。

A. 中央处理器　B. 运算器和控制器

C. 主机　D. 存储器

4. 在 Word 中，将整个文档选定的快捷键是(　　)。

A. <Ctrl>+A　B. <Ctrl>+V　C. <Ctrl>+X　D. <Ctrl>+C

5. 下列不属于计算机网络拓扑结构的是(　　)。

A. 星型　B. 环型　C. 三角型　D. 总线型

6. 计算机中存储信息的最小单位是(　　)。

A. 字节　B. 字　C. 位　D. 区

7. PowerPoint 默认的演示文稿扩展名是(　　)。

A. .pttx　B. .docx　C. .pptx　D. .pocx

8. 目前计算机所采用的电子器件是(　　)。

A. 晶体管　B. 中小规模集成电路

C. 电子管　D. 超大规模集成电路

9. 永久删除文件或文件夹的方法是，在单击“删除”选项或 DEL 的同时按(　　)。

A. <Ctrl>键　B. <Shift>键

C. <Alt>键　D. <Tab>键

10. OSI 参考模型的基本结构一共分为(　　)。

A. 7 层　B. 6 层　C. 5 层　D. 4 层

11. 在 Word 2003 中，可以删除光标左边的一个字符的键是(　　)。

A. <Delete>　B. <Back Space>

C. <Ctrl>　D. <Alt>

12. 在 Excel 2003 的表格操作中，计算求和的函数是(　　)。

A. Total　　B. Count　　C. Average　　D. Sum

13. 操作系统是一种(　　)。

A. 应用软件　　B. 系统软件　　C. 工具软件　　D. 调试软件

14. 下列设备中，不属于输出设备的是(　　)。

A. 打印机　　B. 绘图仪　　C. 显示器　　D. 鼠标

15. 计算机病毒是一种(　　)。

A. 特殊的计算机部件　　B. 特殊的生物病毒

C. 游戏软件　　D. 人为编制的特殊的计算机程序

二、判断题(本题共 10 小题，每小题 2 分，共 20 分。)

题号	1	2	3	4	5	6	7	8	9	10
答案										

1. 1024GB＝210KB。
2. 在 Excel 中，单元格地址 D8 表示的是第 4 行第 8 列。
3. 在 Word 中，将剪贴板上的内容粘贴到当前光标处，使用的快捷是＜Ctrl＞＋V。
4. 在 Word 中，建立的文件中不能包含图像。
5. 在 PowerPoint 的一个演示文稿中，能同时使用不同的模板。
6. 要选定多个不连续文件夹，可按住＜Shift＞键，然后依次单击各项。
7. 计算机只要硬件不出问题，就能正常工作。
8. 在 Excel 中工作薄中，默认包含的工作表个数是 4 个。
9. 在 Word 中，【页眉页脚】命令在【格式】菜单下。
10. 在 Excel 中，公式是以等号“＝”开头的。

三、计算题(本题共 2 小题，每小题 10 分，共 20 分。)

1. 把二进制数 1010101 转换为十进制数，写出计算过程。

2. 把十进制数 55 转换为二进制数，写出计算过程。

四、简答题（本题共 3 小题，每小题 10 分，共 30 分。）

1. 什么是计算机网络？按地理位置划分，计算机网络分为几类？

2. 在 Word 文档中，关闭文档的方法？（至少写出五种方法）

3. 计算机系统的组成包括哪两个部分？各部分的主要组成有哪些？

学年第　学期期末考试

学院　级　专业《计算机应用基础》试卷

姓名：＿＿＿＿＿　学号：＿＿＿＿＿　班级：＿＿＿＿＿　任课教师：＿＿＿＿＿

说明：本试卷共三页、四道大题，答卷一律在试卷规定处填写，答在其他处不得分。

一、单项选择题（本题共15小题，每小题2分，共30分。）

题号	1	2	3	4	5	6	7	8	9	10	11	12	13	14	15
答案															

1. 下面有关数制的论述中，错误的是（　　）。
   A. 十进制16等于十六进制10H
   B. 二进制只有"0"和"1"两个数码
   C. 常用计算机内部一切数据都是以十进制为运算的
   D. 一个数字串的某数符可能为0，但任一数位上的"权"值不可能为0

2. Java是一种（　　）。
   A. 计算机语言　　B. 计算机设备
   C. 数据库　　D. 应用软件

3. 十六进制数A5B6H转换为十进制数是（　　）。
   A. 43422　　B. 41422　　C. 42422　　D. 40422

4. 计算机的基本组成中所包括的五部分分别是（　　）。
   A. CPU、主机、电源、鼠标键盘和显示器
   B. 控制器、运算器、高速缓存、输入和输出设备
   C. CPU、磁盘、键盘、输入和输出设备
   D. 控制器、运算器、存储器、输入和输出设备

5. 计算机存储容量的KB、MB和GB分别表示（　　）。
   A. 千字节、兆字节、千兆字节　　B. 千位、兆位、千兆位
   C. 千字、兆字、千兆字　　D. 千位速率、兆位速率、千兆位速率

6. "蠕虫"往往是通过（　　）进入其他计算机系统。
   A. 网关　　B. 系统　　C. 网络　　D. 防火墙

7. 若要快速查看桌面小工具和文件夹，而又不希望最小化所有打开的窗口，可以使用（　　）功能。
   A. Areo Snap　　B. Areo Shake
   C. Areo Peek　　D. Flip 3D

8. 在Windows 7中，录音机录制的默认声音文件的扩展名（　　）
   A. MID　　B. WAV　　C. AVI　　D. HTM

9. 在 Windows 7 图形界面中，按(　　)可以打开开始菜单。

A. ＜Alt＞＋＜Esc＞　　B. ＜Ctrl＞＋＜Esc＞

C. ＜Alt＞＋＜Tab＞　　D. ＜Ctrl＞＋＜Tab＞

10. 关于 Windows 7 的文件类型和关联，以下说法不正确的是(　　)。

A. 一种文件类型可不与任何应用程序关联

B. 一种文件类型只能与一个应用程序关联

C. 一般情况下，文件类型由文件扩展名标识

D. 一种文件类型可以与多个应用程序关联

11. Word 2010 模板文件的扩展名为(　　)。

A. doc　　B. docx　　C. dotx　　D. dot

12. 在 Excel 工作表中，隐藏的行和列在打印时将(　　)。

A. 被打印出来　　B. 不被打印出来　　C. 不确定　　D. 以上都不正确

13. 在 Word 中，执行“粘贴”命令后(　　)。

A. “剪贴板”中的内容被清空　　B. “剪贴板”中的内容不变

C. 选择的内容被粘贴到“剪贴板”　　D. 选择的内容被移动到“剪贴板”

14. 在多媒体中，常用的标准采样频率为(　　)。

A. 44.1KHz　　B. 88.2KHz　　C. 20KHz　　D. 10KHz

15. 位图文件的扩展名为(　　)。

A. TIFF　　B. PCX　　C. PSD　　D. BMP

二、判断题(本题共 10 小题，每小题 2 分，共 20 分。)

题号	1	2	3	4	5	6	7	8	9	10
答案										

1. 计算机内部使用的汉字编码是国标码。
2. ADSL 属于宽带接入技术，其上行和下行速率不同。
3. 当一个应用程序的窗口被最小化后，该应用程序将被终止运行。
4. 在 Word 编辑中，标尺的基本功能之一是进行段落缩进操作。
5. 解码后的数据与原始数据不一致称有损压缩编码。
6. 图形属于图像的一种，是计算机绘制的画面。
7. 矢量图缩放时会变形、变模糊。
8. 数字声音的存储空间大小只与采样频率和量化位数有关。
9. OSI 七层结构模型中，最底层是数据链路层。
10. TCP 协议是 TCP/IP 模型传输层中的无连接协议。

三、填空题(本题共 10 小题，每小题 2 分，共 20 分。)

1. 世界上第一台电子计算机是________。
2. 汉字以 24＊24 点阵形式在屏幕上单色显示时，每个汉字占用________字节。
3. 在微型机中，信息的基本存储单位是字节，每个字节内含________个二进制位。
4. Cache 是一种介于 CPU 和________之间的高速存取数据的芯片。

5. Windows 7 资源管理器对磁盘信息进行管理和使用是以________为单位的。

6. PowerPoint 2010 中，母版分为________、讲义母版和备注模板三种。

7. Word 中，按________键可以将光标移到下一个制表位上。

8. 赋予计算机“讲话”能力，用声音输出结果，属于________技术。

9. 统一资源定位器(URL)是用来定位________所在位置。

10. 计算机网络中的用户必须共同遵从的多项约定，称为________。

四、简答题(本题共 3 小题，每小题 10 分，共 30 分。)

1. 简述计算机内为何采用二进制？

2. 简述冯・诺依曼计算机原理？

3. 什么是网络拓扑结构？常用的网络拓扑结构有哪几种？

学年第　学期期末考试

学院　级　专业《计算机应用基础》试卷

姓名：________　学号：________　班级：________　任课教师：________

说明：本试卷共三页、四道大题，答卷一律在试卷规定处填写，答在其他处不得分。

一、单项选择题(本题共15小题，每小题2分，共30分。)

题号	1	2	3	4	5	6	7	8	9	10	11	12	13	14	15
答案															

1. 下面有关二进制的论述中，错误的是(　　)。
   A. 二进制只有两位数
   B. 二进制只有“0”和“1”两个数码
   C. 二进制运算规则是逢二进一
   D. 二进制数中右起第十位的1相当于2^9
2. 计算机断电或重启后，(　　)中的信息将丢失。
   A. RAM　B. ROM　C. 光盘　D. 硬盘
3. 十六进制数ABCDEH转换为十进制数是(　　)。
   A. 713710　B. 703710　C. 693710　D. 371070
4. 目前应用越来越广泛的U盘属于(　　)技术。
   A. 刻录　B. 移动存储　C. 网络存储　D. 直接存储
5. 在计算机内部使用的汉字编码是(　　)。
   A. 国标码　B. 区位码　C. 输入码　D. 内码
6. 计算机病毒主要是造成(　　)的破坏或丢失。
   A. 磁盘　B. 主机　C. 光盘　D. 程序和数据
7. 计算机外部输入设备中最重要的是(　　)。
   A. 显示器和打印机　B. 扫描仪和手写输入板
   C. 键盘和鼠标　D. 游戏杆和轨迹球
8. 以下(　　)不是Windows 7桌面上固有的图标。
   A. 计算机　B. 网络　C. 360安全卫士　D. 回收站
9. Windows 7操作系统是一个(　　)操作系统。
   A. 单用户、单任务　B. 多用户、多任务
   C. 单用户、多任务　D. 多用户、单任务
10. 在Word 2010中，要插入艺术字需，通过(　　)命令。
   A.【插入】选项卡【文本】组【艺术字】　B.【开始】选项卡【样式】组【艺术字】
   C.【开始】选项卡【文本】组【艺术字】　D.【插入】选项卡【插图】组【艺术字】

11. 在 Powerpoint2010 中，通过(　　)可以在对象之间复制动画效果。

A. 格式刷

B. 在【动画】选项卡的【动画】组中进行设置

C. 动画刷

D. 在【开始】选项卡的【剪贴板】组的【粘贴选项】中进行设置

12. 一个 Excel 工作簿中含有(　　)个默认工作表。

A. 1　　B. 3　　C. 16　　D. 256

13. 色彩位数用 8 位二进制表示每个像素的颜色是，能表示(　　)种不同颜色。

A. 8　　B. 16　　C. 64　　D. 256

14. A/D 转换器的功能是将(　　)。

A. 声音转换为模拟量　　B. 模拟量转换为数字量

C. 数字量转换为模拟量　　D. 数字量和模拟量混合处理

15. 下列 IP 地址中，属于 C 类地址的是(　　)。

A. 202.104.1.1　　B. 16.3.4.5　　C. 191.1.1.1　　D. 111.1.1.1

二、判断题(本题共 10 小题，每小题 2 分，共 20 分。)

题号	1	2	3	4	5	6	7	8	9	10
答案										

1. C++语言属于面向过程的高级语言。
2. 内存中的数据不能直接被 CPU 存取。
3. 信息传输技术主要指信息如何在空间进行传递，其核心技术即通信技术。
4. 计算机中重要的文件不需要经常做备份。
5. 十进制数 113 等值的十六进制数为 77。
6. CPU 的核心部分是运算器和存储器。
7. 1GB 等于 1000MB。
8. Windows 中回收站的作用是存放已删除的文件。
9. Flash 创建补间动画时需要设计者安排动画过程中的每一帧画面。
10. 防火墙是将未经授权的用户阻挡在内部网之外。

三、填空题(本题共 10 小题，每小题 2 分，共 20 分。)

1. 常见的打印机有击打式、________式和激光打印机三种。
2. 数据传输速率的单位是________。
3. 汇编语言是利用________表达机器指令，其优点是易读写。
4. 在 Windows 7 中，各个应用程序之间可通过________交换信息。
5. 在 Windows 中删除文件时，如果同时按下________键，文件即被彻底删除。
6. 波形文件的扩展名是________。
7. 数据压缩算法可以分为无损压缩和________压缩两种。
8. 宽带接入方式中“非堆成数字用户环路”的英文缩写为________。
9. 局域网按其工作模式来分，主要有________模式和客户机/服务器模式。
10. 电子邮件地址的格式为________@主机名。

四、简答题（本题共3小题，每小题10分，共30分。）

1. 简述数制的概念，计算机内使用的是何种计数制？

2. 简述计算机网络的定义以及按照网络覆盖范围的大小分类分为哪几类网络？

3. 简述网站设计的流程？

学年第　学期期末考试

学院　级　专业《计算机应用基础》试卷

姓名：__________　学号：__________　班级：__________　任课教师：__________

说明：本试卷共三页、四道大题，答卷一律在试卷规定处填写，答在其他处不得分。

一、单项选择题（本题共15小题，每小题2分，共30分。）

题号	1	2	3	4	5	6	7	8	9	10	11	12	13	14	15
答案															

1. 计算机系统的内部总线，主要可以分为（　　）、数据总线和控制总线。
A. DMA总线　　B. 控制总线　　C. PCI总线　　D. RS-2332总线

2. 计算机硬件能直接之别和执行的只有（　　）。
A. 高级语言　　B. 符号语言　　C. 汇编语言　　D. 机器语言

3. 计算机能直接被CPU存储的信息是存放在（　　）中。
A. 软盘　　B. 硬盘　　C. 光盘　　D. 内存

4. 在win7中如果要新增或删除程序，可在控制面板上选用（　　）功能。
A. 管理工具　　B. 程序和功能
C. 性能信息和工具　　D. 系统

5. Windows操作中，经常用到剪切、复制和粘贴功能，其中粘贴功能的快捷键为（　　）。
A. ＜Ctrl＞＋C　　B. ＜Ctrl＞＋S
C. ＜Ctrl＞＋X　　D. ＜Ctrl＞＋V

6. Windows桌面图标实质上是（　　）。
A. 程序　　B. 文本文件　　C. 快捷方式　　D. 文件夹

7. 在Excel中，对工作表中公式单元格复制时，以下说法正确的是（　　）。
A. 其公式中的绝对地址和相对地址都不变
B. 其公式中的绝对地址和相对地址都会自动调整
C. 其公式中的绝对地址不变，相对地址自动调整
D. 其公式中的绝对地址自动调整，相对地址不变

8. 在word中，要给段落添加底纹，可以（　　）实现。
A. 【开始】选项卡【段落】组【底纹】命令
B. 【插入】选项卡【底纹】命令
C. 【开始】选项卡【字体】命令
D. 以上都可以

9. 在PowerPoint2010中，要给幻灯片应用逻辑节，要通过【开始】选项卡（　　）组来实现。
A. 段落　　B. 编辑　　C. 绘画　　D. 幻灯片

10. 以下(　　)不是计算机多媒体系统的特点。

A. 交互性　　B. 集成性　　C. 实时性　　D. 模拟性

11. 以下不是声音文件格式的是(　　)。

A. WAV　　B. MPEG　　C. MIDI　　D. MP3

12. 一张容量达到25G的光盘是(　　)。

A. CD光盘　　B. VCD光盘　　C. 蓝光光盘　　D. DVD光盘

13. 下列计算机网络传输介质中,数据传输速度最快的是(　　)。

A. 光纤　　B. 同轴电缆　　C. 双绞线　　D. 红外线

14. 下列IP地址中,属于A类地址的是(　　)。

A. 198.3.12.123　　B. 129.5.5.5

C. 16.53.3.6　　D. 191.5.87.127

15. 计算机网络中实现互联的计算机本身是可以进行(　　)工作的。

A. 并行　　B. 互相制约　　C. 独立　　D. 串行

二、多选题(本题共10小题,每小题2分,共20分。)

题号	1	2	3	4	5	6	7	8	9	10
答案										

1. 直接连接存储是计算机中使用的最主要的存储幸会,主要存储部件包括有(　　)。

A. 硬盘　　B. 软盘　　C. 磁带　　D. 光盘

2. 信息技术的发展经历了语言的产生、(　　)和计算机技术的发明等五次重大变革。

A. 文字的发明　　B. 印刷术的发明　　C. 电报的发明　　D. 电信革命

3. Excel中,单元格引用有以下哪几种(　　)?

A. 相对引用　　B. 绝对引用　　C. 混合引用　　D. 正反引用

4. 在Windows资源管理器窗口的做兵文件夹窗格中,文件夹图标显示有"+"时,下列关于该文件夹的说法中不正确的是(　　)。

A. 只含有文件　　B. 含有子文件夹　　C. 是空文件夹　　D. 只含有文件夹

5. 扫描仪的主要性能指标包括(　　)。

A. 分别率　　B. 连拍速度　　C. 色彩位数　　D. 扫描速度

6. 互联网的服务功能有(　　)。

A. 远程登录　　B. 文件传输　　C. WWW服务　　D. 电子邮件

7. 以下(　　)属于互联网的接入方法。

A. ISDN　　B. DDN　　C. ADSL　　D. PSTN

8. OSI/RM的7层结构中,第5,6,7层负责(　　)问题。

A. 解决传输服务　　B. 处理对应用进程的访问

C. 解决网络中的通信　　D. 解决应用进程的通信

9. 网页制作工具按其制作方法分可以分为(　　)。

A. 标记型网页制作工具　　B. 通用型网页制作工具

C. 专业型网页制作工具　　D. 编程型网页制作工具

10. 通常,网站和浏览者交互采用的方法有(　　)。

A. 聊天室　　B. 论坛　　C. 留言板　　D. 信息看板

三、填空题(本题共10小题,每小题2分,共20分。)

1. 在计算机的外部设备中,最常用的输入设备有键盘、________。
2. 计算机软件分为系统软件和应用软件。打印机驱动程序属于________软件。
3. 在操作系统中,文件名的格式是"主文件名. ________"。
4. 在Windows 7中,要关闭当前应用程序,可按<Alt>+ ________键。
5. 在PowerPoint2010中,幻灯片模板包含________个占位符。
6. 在Excel中,绝对地址引用的符号是________。
7. 单位时间内的采样数称为________频率,其单位是用Hz来表示。
8. 表示图像的色彩位数越多,则同样大小的图像所占的存储空间越________。
9. 从逻辑功能上课把计算机网络分为资源子网和________子网。
10. 文件传输协议的英文缩写是________。

四、简答题(本题共3小题,每小题10分,共30分。)

1. 计算机发展经历了几个阶段,每个阶段采用的电子元器件是什么?

2. 简述操作系统的基本功能?

3. 简述十进制数转换为二进制数的方法(整数部分),并将十进制数212转换成等值的二进制数?

附录2:参考答案及评分标准

模拟试卷1答案

一、单项选择题(本题共20小题,每小题2分,共40分)

题号	1	2	3	4	5	6	7	8	9	10
答案	B	C	D	A	B	C	D	B	B	C
题号	11	12	13	14	15	16	17	18	19	20
答案	C	D	D	A	B	C	D	A	B	C

二、填空题(本题共10小题,每空1分,共20分)

1. 硬件系统或硬件,软件系统或软件　2. 二　3. 普通视图,Web版式视图,大纲视图,页面视图　4. xls　5. 互联网或Internet　6. TCP/IP　7. <Enter>或回车,<Delete>或删除,<Backspace>或退格　8. yuanyi@hnhy. edu. cn　9. 总线型,环型,星型　10. <Ctrl>+X, <Ctrl>+C, <Ctrl>+V

三、判断题(本题共5小题,每小题2分,共10分)

题号	1	2	3	4	5
答案	√	×	×	×	×

四、简答题(本题共5小题,共30分)

1.(4分)

所谓计算机网络,就是以相互共享资源(硬件、软件和数据等)方式而连接起来的、且各自具备独立功能的计算机系统的集合。

在计算机网络中,若干台计算机通过通信系统联结起来,以互相沟通信息。

2.(7分)

物理层;数据链路层;网络层;传输层;会话层;表示层;应用层

3.(10分)

(1) 病毒的预防:不用倒版盘或来历不明的磁盘,定期对磁盘上的文件做备份,对所有不需要写入数据的磁盘进行写保护,下载软件要去正规的大型站点等。(2) 病毒的检测:计算机运行速度明显减慢,磁盘可用空间不正常地变小,程序或数据莫名其妙地丢失;屏幕显示异常或突然死机等。(3) 病毒的清除:装杀毒软件,经常更新;下载的软件要先杀毒再使用;安装防火墙,经常更新。

4.(9分)

二进制1000011;八进制103;十六进制43

模拟试卷2答案

一、单项选择题(本题共10小题,每小题3分,共30分。)

题号	1	2	3	4	5	6	7	8	9	10
答案	B	A	D	D	D	C	C	B	C	B

二、判断题(本题共10小题,每小题3分,共30分。)

题号	1	2	3	4	5	6	7	8	9	10
答案	√	√	×	×	√	√	×	×	√	√

三、填空题(本题共5小题,每小题4分,共20分。)

1. 选择单词 2. 数据图表 3. 排序 4. 超级链接 5. 辅助决策型

四、简答题(本题共2小题,每小题10分,共20分。)

1. (10分)

文字录入?文本编辑?格式排版?页面设置?打印预览?打印输出。

录入:包括文字、符号、及图片声音等多媒体对象有采集和导入。

编辑:主要包括选取、复制、移动、添加、删除、查找、定位等。

排版:字体,段落,分页、分节,分栏,边框,首字下沉等设置。(4分)

页面设置:打印的页面边界,装订线位置、每页行数,页眉页脚等设置。

打印预览:打印前预览一下将要打印出来的效果,如不适则调整。

打印输出:最终的环节,打印到纸张上。(6分)

2. (10分)

(1) 规则的文字表格用WORD中的插入表格方法或利用Excel填表完成。(2分)

(2) 单元格悬殊的复杂文字表格,利用Word的"绘制表格"方法制作。(2分)

(3) 形状虽然很不规则,但可明显看出大的单元格是由小的单元格组合而成,适宜于用Excel制作,大的单元格可通过选取单元格区域,然后"合并居中"来实现。(2分)

(4) 包含大量数字并且需要进行公式、函数运算的表格最好使用Excel制作。(2分)

(5) 数据统计报表和数据库表格适合使用Excel制作并能方便地进行数据处理。(2分)

模拟试卷3答案

一、单项选择题(本题共10小题,每小题4分,共40分。)

题号	1	2	3	4	5	6	7	8	9	10
答案	D	C	D	C	D	C	B	A	D	A

二、计算题(本题共2小题,共20分。)

1. 略(整数部分转换8分,小数部分转换5分,写出答案2分。)

2. 略

三、问答题(本题共3小题,共40分。)

1. (3分)

硬件系统由运算器、控制器、存储器、输入设备、输出设备五大功能部件组成。(5分)

软件系统包括系统软件和应用软件两大类。(2分)

2. 冯·诺依曼设计思想可以简要地概括为以下三点:

(1) 计算机应包括运算器、存储器、控制器、输入和输出设备五大基本部件。(5分)

(2) 计算机内部应采用二进制来表示指令和数据。(2分)

(3) 将编好的程序送入内存储器中,计算机能自动逐条取出指令和执行指令。(3分)

3. 计算机网络的功能:

(1) 共享资源(2分) (2) 数据传输(2分)(3) 分布式数据处理(2分)

计算机网络的构成：

(1) 网络硬件

服务器、工作站、网络接口卡、调制解调器、终端、传输介质(6分)

(2) 网络软件

包括网络协议软件、网络通信软件和网络操作系统。(3分)

(3) 网络拓扑结构

基本拓扑结构有:总线型、星型、环型、树型、网状型。(5分)

模拟试卷4答案

一、单项选择题(本题共15小题,每小题2分,共30分。)

题号	1	2	3	4	5	6	7	8	9	10	11	12	13	14	15
答案	B	B	B	A	C	C	C	D	B	A	D	D	A	A	D

二、判断题(本题共10小题,第小题3分,共30分。)

题号	1	2	3	4	5	6	7	8	9	10
答案	√	√	×	×	√	×	×	×	√	√

三、计算题(本题共2小题,每小题5分,共10分。)

1. 略　2. 略

四、简答题(本题共3小题,第小题10分,共30分。)

1. (10分)

(1) 计算机的硬件系统包括运算器、控制器、存储器、输入设备和输出设备五大功能部件。(5分)

(2) 软件系统由系统软件和应用软件两大部分成。(5分)

2. (10分)

(1) 计算机网络是由地理位置分散的、具有独立功能的多台计算机,利用通信设备和传输介质互相连接,并配以相应的网络协议和网络软件,以实现数据通信和资源共享的计算机系统。(6分)

(2) 网络的功能:资源共享、数据传输、分布式数据处理、均衡负衡。(4分)

3. (10分)

(1) 单击【文件】|【关闭】菜单命令关闭当前文档。(2分)

(2) 选择【文件】|【退出】菜单命令可以关闭所有打开的Word文档。(2分)

(3) 单击标题栏右边的【关闭】按钮。(2分)

(4) 双击标题栏左边的Word图标,也可以关闭文档。(2分)

(5) 按快捷键＜Alt＞＋F4当前文档。(2分)

模拟试卷5答案

一、单项选择题(本题共15小题,每小题2分,共30分。)

题号	1	2	3	4	5	6	7	8	9	10	11	12	13	14	15
答案	B	C	B	D	D	B	C	D	D	A	D	A	A	B	C

二、填空题（本题共10个空，每空3分，共30分。）

1. 应用软件　2. 大纲视图、页面视图　3. E8　4. 右、左　5. pptx　6. IP　7. Internet　8. 应用层

三、计算题（本题共2小题，每小题5分，共10分。）

1. 略　2. 略

四、简答题（本题共3小题，共30分。）

1.（10分）

（1）取出指令：从存储器某个地址中取出要执行的指令送到CPU内部的指令寄存器暂存。（3分）

（2）分析指令：把保存在指令寄存器中的指令送到指令寄存器，译出该指令对应的微操作。（3分）

（3）执行指令：根据指令译码器向各个部件发出相应控制信号，完成指令规定的操作。（4分）

2.（10分）

（1）选定要进行移动的这段文字。执行＜Ctrl＞＋X快捷组合键。（5分）

（2）把光标定位在目标位置。执行＜Ctrl＞＋C快捷组合键。（5分）

3.（10分）

（1）常见的网络硬件主要有：服务器、工作站、网络接口卡、集中器、调制解调器、终端及传输介质。（5分）

（2）网络软件通常包括网络协议软件、网络通信软件和网络操作系统三类。（5分）

模拟试卷6答案

一、单项选择题（本题共10小题，每小题3分，共30分。）

题号	1	2	3	4	5	6	7	8	9	10
答案	B	A	B	C	D	A	B	C	D	A

二、填空题（本题共10小题，每小题3分，共30分。）

1. 软件系统　2. 二　3. 页面视图　4. docx　5. 国际互联网/Internet　6. TCP/IP　7. ＜Delete＞　8. huayu@hnhy. edu. cn　9. 比较算术运算符　10. 超级链接

三、简答题（本题共5小题，每小题8分，共40分）

1. (1) 友好的用户界面　(2) 系统还原　(3) 易用性　(4) 共用家庭计算机　(5) 强大的网络功能　(6) 无线网络连接　(7) 防病毒管理　(8) 多媒体功能　(9) 快捷的搜索功能　(10) 方便的开始菜单。

（只要答出期中的任何的四项特点即可得满分。每个要点2分。）

2. 所谓计算机网络，就是以相互共享资源（硬件、软件和数据等）方式而连接起来的、且各自具备独立功能的计算机系统的集合。（5分）

在计算机网络中若干台计算机通过通信系统联结起来，以互相沟通信息。（5分）

3. 冯·诺依曼设计思想可以简要地概括为以下三点：

（1）计算机应包括运算器、存储器、控制器、输入和输出设备五大基本部件。

（2）计算机内部应采用二进制来表示指令和数据。每条指令一般具有一个操作码和一个地址码。其中操作码表示运算性质，地址码指出操作数在存储器中的地址。

（3）将编好的程序送入内存储器中，然后启动计算机工作，计算机无需操作人员干预，能自动逐条取出指令和执行指令。

（只要答出两个要点即可得满分。答出一个要点可给五分，答出全部要点不加分。）

4. (1) 安装杀毒软件　(2) 安装防木马软件　(3) 设置安全口令　(4) 增强安全意识　(5) 不上自己

不熟悉的网站

（以上答案要点只要答出两个即可得10分，即每个要点5分。其他的答案只要言之有理，符合计算机安全的控制亦可酌情给分。）

5. 二进制表示100101(5分)　十六进制表示25(5分)

模拟试卷7答案

一、单项选择题（本题共15小题，每小题2分，共30分。）

题号	1	2	3	4	5	6	7	8	9	10	11	12	13	14	15
答案	B	C	D	A	B	A	C	D	C	C	D	C	B	D	A

二、判断题（本题共10小题，每小题2分，共20分。）

题号	1	2	3	4	5	6	7	8	9	10
答案	×	×	√	√	×	√	×	√	√	√

三、计算题（本题共2小题，每小题10分，共20分。）

1. (3336. 34) 8=(6DE. 7) 16
2. (28. 625) 10=(11100. 101) 2

四、简答题（本题共3小题，每小题10分，共30分。）

1. 计算机系统包括硬件系统和软件系统。(3分)
   硬件系统主要包括：运算器、存储器、控制器、输入设备和输出设备。(5分)软件系统主要包括：系统软件和应用软件。(2分)
2. Excel中默认的单元格引用为相对引用，相对引用是当公式在复制时会根据移动的目标位置自动调整公式中所引用的单元格的地址。(3分)在行号与列号前均加上绝对地址符号“$”，则表示绝对引用。公式复制时，绝对引用的行号与列号将不随着公式位置的变化而变化。(3分)混合引用是指公式中引用的单元格地址的行号或列号前不同时加“$”符号。当公式因为复制或插入而引起行列变化，公式中的相对地址部分会随着位置的变化而变化，而绝对地址部分仍不变。(4分)
3. 计算机网络的概念：是由地理位置分散的、具有独立功能的多台计算机，利用通信设备和传输介质互相连接，并配以相应的网络协议和网络软件，以实现数据通信和资源共享的计算机系统。(6分)
   计算机网络的功能：资源共享、信息交换、均衡负载与分布处理、综合信息服务。(4分)

模拟试卷8答案

一、单项选择题（本题共10小题，每小题3分，共30分）

题号	1	2	3	4	5	6	7	8	9	10
答案	D	B	B	C	A	D	B	B	C	A

二、填空题（本题共10小题，每题3分，共30分）

1. (9)10　2. 4月5日　3. “属性”　4. <Ctrl> + N　5. 【页边距】选项卡　6. 格式刷　7. 移动　8. 【插入斜线表头】　9. 右，左　10. 等号

三、简答题(共3题 每小题8分,共24分)

1.(8分)

硬件与软件是相辅相成的。(2分)

硬件是计算机的物质基础,没有硬件就无所谓计算机。软件是计算机的灵魂,没有软件,计算机的存在就毫无价值。(3分)

硬件系统的发展给软件系统提供了良好的开发环境,而软件系统发展又给硬件系统提出了新的要求。(3分)

2.(8分)

(1) 计算机应包括运算器、存储器、控制器、输入和输出设备五大基本部件。(2分)

(2) 计算机内部应采用二进制来表示指令和数据。每条指令一般具有一个操作码和一个地址码。其中操作码表示运算性质,地址码指出操作数在存储器中的地址。(3分)

(3) 将编好的程序送入内存储器中,然后启动计算机工作,计算机无需操作人员干预,能自动逐条取出指令和执行指令。(3分)

3.(8分)

桌面空白处单击右键,【属性】|【桌面】|【背景】,设置桌面图案与背景颜色后确定。

四、综合题(本题2小题,每题8分,共16分)

1.(8分)

(1)选定工作表标签,单击右键,工作表重命名,输入名称。(4分)

(2)选定工作表标签,单击右键,工作表颜色,选定颜色。(4分)

2.(8分)

【插入】|【图片】|【图片来自文件】,选择文件中的图片后确定。(4分)

【插入】|【影片和声音】|【剪辑管理器中的声音】,选择一种剪辑管理器中的声音后确定。(4分)

模拟试卷9答案

一、单项选择题(本题共20小题,每小题2分,共40分)

题号	1	2	3	4	5	6	7	8	9	10
答案	B	A	B	C	D	A	B	C	D	A
题号	11	12	13	14	15	16	17	18	19	20
答案	B	C	D	A	B	C	D	A	B	C

二、填空题(本题共11小题,每空1分,共20分)

1. 硬件系统软件系统　2. 二　3. 页面视图　4. docx　5. 国际互联网/Internet　6. TCP/IP　7. <Delete><Backspace>　8. huayu@hnhy. edu. cn　9. 算术运算符、文字运算符、比较算术运算符　10. 超级链接　11. 杀毒、系统、动画、下载、压缩、搜索

三、判断题(本题共5小题,每小题2分,共10分)

题号	1	2	3	4	5
答案	√	×	×	×	√

四、简述题与计算题(本题共5小题,每小题6分,共30分)

1. 友好的用户界面、系统还原、易用性、共用家庭计算机、强大的网络功能、无线网络连接、防病毒管理、多媒体功能、快捷的搜索功能、方便的开始菜单等。

（回答出一点可得1分，任意6点可得6分）

2. 所谓计算机网络，就是以相互共享资源（硬件、软件和数据等）方式而连接起来的、且各自具备独立功能的计算机系统的集合。在计算机网络中若干台计算机通过通信系统联结起来，以互相沟通信息。（6分）

3. 冯·诺依曼设计思想可以简要地概括为以下三点：

（1）计算机应包括运算器、存储器、控制器、输入和输出设备五大基本部件。（2分）

（2）计算机内部应采用二进制来表示指令和数据。每条指令一般具有一个操作码和一个地址码。其中操作码表示运算性质，地址码指出操作数在存储器中的地址。（2分）

（3）将编好的程序送入内存储器中，然后启动计算机工作，计算机无需操作人员干预，能自动逐条取出指令和执行指令。（2分）

4. 安装杀毒软件、防木马软件、杀毒软件，避免移动电脑，避免强制关机，及时备份自己的重要文件，不要轻易删除C盘的文件等。（6分）

5. 二进制100101 八进制45 十六进制25（6分）

模拟试卷10答案

一、单项选择填空题（本题共15小题，每小题2分，共30分）

题号	1	2	3	4	5	6	7	8	9	10	11	12	13	14	15
答案	D	D	A	B	A	D	A	A	C	C	D	C	B	D	C

二、填空题（本题共10小题，每空2分，共24分）

1. ENIAC 2. 运算器，控制器 3. 11001或(11001) B或(11001) 2 4. Excel 5. <Ctri>+V 6. 八或8，四或4 7. 系统软件 8. 振动 9. <Back Space> 10. TCP/IP

三、判断题（本题共10小题，每小题2分，共20分）

题号	1	2	3	4	5	6	7	8	9	10
答案	√	×	×	√	√	√	√	×	√	√

四、简答题（本题共26分）

1. （13分）

运算器；控制器；存储器；输入设备；输出设备

2. （13分）

① 选择需要复制的文本 ② 执行<Ctrl>+C ③ 定位插入点到目标位置 ④ 执行<Ctrl>+V

学年第　学期期末考试
学院　级　专业《计算机应用基础》试卷评分标准

一、单项选择题（本题共15小题，每小题2分，共30分。）

题号	1	2	3	4	5	6	7	8	9	10	11	12	13	14	15
答案	B	C	A	C	B	C	C	B	A	B	D	B	A	A	C

二、判断题(本题共 10 小题,每小题 2 分,共 20 分。)

题号	1	2	3	4	5	6	7	8	9	10
答案	×	√	×	√	√	×	×	√	√	√

三、计算题(本题共 3 小题,每小题 6 分,共 18 分。)

1. (6 分)

(324A)= A * 16^0 +4 * 16^1+2 * 16^2+3 * 16^3 3 分)=10+64+512+12288=12874(3 分)

2. (6 分)

(110100101. 101)2=(110 100 101 . 101)$_2$=(645. 5)8

3. (6 分)

整数部分 28 转换过程为除 2 取余,结果为余数倒序排序 11100;余数部分 0. 625 转换过程为乘 2 取整,结果为整数顺序排序 101。(3 分)

28. 625=(11100. 101) 2(3 分)

四、简答题(本题共 2 小题,每小题 10 分,共 20 分。)

1. (10 分)

(1) 计算机的硬件系统包括运算器、控制器、存储器、输入设备和输出设备五大功能部件。(5 分)

(2) 软件系统由系统软件和应用软件两大部分成。(5 分)

2. (10 分)

(1) 计算机网络是由地理位置分散的、具有独立功能的多台计算机,利用通信设备和传输介质互相连接,并配以相应的网络协议和网络软件,以实现数据通信和资源共享的计算机系统。(5 分)

(2) 网络的功能:资源共享、数据传输、分布式数据处理、均衡负衡。(5 分)

五、论述题(本题共 1 小题,共 12 分。)

Word 主要用于编排文档,编辑及处理网页等等。Word 适用与所有类型的字处理,比如写备忘录、商业信函、贸易生命、论文、书籍和长篇报告。(4 分)

Excel 是电子表格软件,主要用于完成表格输入、统计、分析等多项工作,可生成精美直观的表格、图表。它的基本职能是对数据进行记录、计算与分析。(4 分)

PowerPoint 主要用于会议、教学等各种演示,它能方便的运用动画效果,还可以加备注。(4 分)

学年第　学期期末考试
学院　级　专业《计算机应用基础》试卷评分标准

一、单项选择题(本题共 15 小题,每小题 2 分,共 30 分。)

题号	1	2	3	4	5	6	7	8	9	10	11	12	13	14	15
答案	C	B	B	B	A	D	A	A	C	A	C	A	A	D	A

二、填空题(本题共 10 小题,每小题 2 分,共 20 分。)

1. ＜Ctrl＞+S　2. 格式　3. 1024　4. MAX　5. ＜Ctrl＞+＜Shift＞　6. 商业机构
7. ＜Backspace＞(←)　8. 01000011　9. 相对引用　10. ＜Ctrl＞

三、计算题(本题共 4 小题,每小题 5 分,共 20 分。)

1. 略　2. 略

3. (5 分)

$(101101)_2 = 1*2^5 + 0*2^4 + 1*2^3 + 1*2^2 + 0*2^1 + 1*2^0$（2 分）$= 32+0+8+4+0+1$（2 分）$= (45)_{10}$（1 分）

4.（5 分）

$(8)_8 = (1000)_2$（2 分） $(A)_8 = (1010)_2$（2 分） $(8A)_8 = (10001010)_2$（1 分）

四、简答题（本题共 4 小题，共 30 分。）

1.（10 分）

计算机网络是指利用通信设备（1 分）及传输媒体将处于不同地理位置（1 分）的多台（1 分）具有独立功能的计算机连接起来（1 分），在通信软件（1 分）（网络协议，网络操作系统等）的支持下，来实现计算机间资源共享和信息交换或协同工作的系统（1 分）。

计算机网络的功能：数据通信（1 分），资源共享（1 分），提高系统的可靠性（1 分），（易于进行分布处理）分布式网络处理和负载均衡（1 分）。

2.（5 分）

编译程序和解释程序的区别在于前者将源程序翻译成目标代码，（2 分）计算机再执行由此产生的目标程序，而后者则是检查高级语言书写的源程序，然后执行源程序所指定的动作。（2 分）编译程序比较复杂，使得开发和维护费用较高；相反，解释程序比较简单，可移植性也好，缺点是执行速度慢。（1 分）

3.（5 分）

控制器（1 分），运算器（1 分），存储器（1 分），输入设备（1 分），输出设备（1 分）

4.（10 分）

相对引用是当公式在复制时会根据移动的目标位置自动调整公式中所引用的单元格的地址。（3 分）在行号与列号前均加上绝对地址符号“$”，则表示绝对引用。公式复制时，绝对引用的行号与列号将不随着公式位置的变化而变化。（3 分）

混合引用指公式中引用的单元格地址的行号或列号前不同时加“$”符号。当公式因为复制或插入而引起行列变化，公式中的相对地址部分会随着位置的变化而变化，而绝对地址部分仍不变。（4 分）

学年第　学期期末考试
学院　级　专业《计算机应用基础》试卷评分标准

一、单项选择题（本题共 15 小题，每小题 2 分，共 30 分。）

题号	1	2	3	4	5	6	7	8	9	10	11	12	13	14	15
答案	B	B	C	A	C	C	C	D	B	A	B	D	B	D	D

二、判断题（本题共 10 小题，每小题 2 分，共 20 分。请将“√”或“×”写在下面表格的对应处。）

题号	1	2	3	4	5	6	7	8	9	10
答案	×	×	√	×	√	×	×	×	×	√

三、计算题（本题共 2 小题，每小题 10 分，共 20 分。）

1.（10 分）

$1010101 = 1\times2^6 + 0\times2^5 + 1\times2^4 + 0\times2^3 + 1\times2^2 + 0\times2^1 + 1\times2^0 = 85$（8 分）

结果为：$(1010101)_2 = (85)_{10}$（2 分）

2. 略

四、简答题(本题共 3 小题，第小题 10 分，共 30 分。)

1.（10 分）

（1）所谓计算机网络，就是把分布在不同地理区域的计算机与专门的外部设备用通信线路互联成一个规模大、功能强的网络系统，从而使众多的计算机可以方便地互相传递信息，共享硬件、软件、数据信息等资源。（6 分）

（2）按地理位置划分，计算机网络可以分为四种：局域网、城域网、广域网和网际网。（4 分）

2.（10 分）

（1）单击【文件】|【关闭】菜单命令关闭当前文档。（2 分）

（2）选择【文件】|【退出】菜单命令可以关闭所有打开的 Word 文档。（2 分）

（3）单击标题栏右边的【关闭】按钮。（2 分）

（4）双击标题栏左边的 Word 图标，也可以关闭文档。（2 分）

（5）按快捷键＜Alt＞＋F4 当前文档。（2 分）

3.（10 分）

（1）计算机系统有硬件系统和软件系统两部分组成。（2 分）

（2）计算机的硬件系统包括运算器、控制器、存储器、输入设备和输出设备五大功能部件。（5 分）

（3）软件系统由系统软件、支撑软件和应用软件三大部分成。（3 分）

学年第　学期期末考试
学院　级　专业《计算机应用基础》试卷评分标准

一、单项选择题(本题共 15 小题，每小题 2 分，共 30 分。)

题号	1	2	3	4	5	6	7	8	9	10	11	12	13	14	15
答案	C	A	C	D	A	C	C	B	B	B	C	B	B	A	D

二、判断题(本题共 10 小题，每小题 2 分，共 20 分。)

题号	1	2	3	4	5	6	7	8	9	10
答案	×	√	×	√	√	×	×	×	×	×

三、填空题(本题共 10 小题，每小题 2 分，共 20 分。)

1. ENIAC　2. 72　3. 8　4. 内存　5. 文件　6. 幻灯片母版　7. Tab　8. 语音合成　9. 资源　10. 协议

四、简答题(本题共 3 小题，每小题 10 分，共 30 分。)

1.（10 分）

① 技术上容易实现(2 分)，计算机是由逻辑电路组成，逻辑电路通常只有两个状态，如晶体管的饱和与截止，电压的高低，开关的接通与断开，两种状态正好可以用“0”和“1”表示；② 运算简便(2 分)，两个二进制数和、积运算组合各有三种，运算规则简单，有利于简化计算机内部结构，提高运算速度；③ 适合逻辑运算(2 分)，二进制的两个数码“0”和“1”，正好对应逻辑运算中的“真”和“假”；④ 工作可靠(2 分)，二进制只有两个数码，在传输和处理过程中不易出错，因而电路更加可靠；⑤ 二进制和十进制数容易相互转换(2 分)。

2.（10 分）

基本思想是存储程序与程序控制(2 分)，具体为 电子计算机至少由运算器、控制器、存储器、输入设备和输出设备五大部件组成(3 分)；计算机内部的数据和指令均以二进制存放在存储器中(2 分)；用户编制的程序和数据应存放在内存储器中，计算机能按人的意图(即人编制的程序)，自动地高速地从存储器中逐条取出指令和相应的数据，完成运算并输出结果(3分)。

3.(10分)

网络拓扑结构指的是网络上的通信线路以及网络设备之间相互连接的几何排列的形式，简单的说，就是用传输媒介互联各种网络设备的物理布局。(4分)

常用的网络拓扑结构有总线形、星形、环形、网状和树形等。(6分)

学年第　学期期末考试
学院　级　专业《计算机应用基础》试卷评分标准

一、单项选择题(本题共15小题，每小题2分，共30分。)

题号	1	2	3	4	5	6	7	8	9	10	11	12	13	14	15
答案	A	A	B	B	D	D	C	C	C	A	C	B	D	B	A

二、判断题(本题共10小题，每小题2分，共20分。)

题号	1	2	3	4	5	6	7	8	9	10
答案	×	×	√	×	×	×	×	√	×	√

三、填空题(本题共10小题，每小题2分，共20分。)

1. 喷墨　2. bps　3. 助记符　4. 剪贴板　5. ＜Shift＞　6. Wav　7. 有损　8. ADSL　9. 对等　10. 用户名

四、简答题(本题共3小题，每小题10分，共30分。)

1.(10分)

将一些数字符号按顺序排列成数位，并遵照某种从低位到高位的进位方式计数来表示数值的方法，我们称之为进位计数制，或者说，数制就是使用若干数码符号和一定的进位规则来表示数值的方法。(7分)

计算机内部使用的是二进制。(3分)

2.(10分)

计算机网络是指将地理位置分散的(1分)、各自具备自主功能的若干台计算机(1分)采用通信手段有机的连接起来(1分)的一个复合系统，以实现通信交往、资源共享和协同工作等。(3分)

按照网络覆盖的范围大小可以将网络分为 局域网、广域网和城域网。(4分)

3.(10分)

首先确定建站目标(2分)，然后根据确定的建站目标搜集素材、资料(2分)，接下来使用开发工具设计网站(2分)，完成各页面后，测试并发布网站(2分)，还需要对网站进行定期的更新和维护(2分)。

学年第　学期期末考试
学院　级　专业《计算机应用基础》试卷评分标准

一、单项选择题(本题共15小题，每小题2分，共30分。)

题号	1	2	3	4	5	6	7	8	9	10	11	12	13	14	15
答案	B	D	D	C	D	D	C	A	D	D	B	C	A	C	C

二、多选题（本题共 10 小题，每小题 2 分，共 20 分。）

题号	1	2	3	4	5	6	7	8	9	10
答案	ABCD	ABD	ABC	ACD	ACD	ABCD	ABCD	BD	AD	ABC

三、填空题（本题共 10 小题，每小题 2 分，共 20 分。）

1. 鼠标　2. 系统　3. 扩展名　4. F4　5. 5/五　6. $　7. 采样　8. 大　9. 通信　10. FTP

四、简答题（本题共 3 小题，每小题 10 分，共 30 分。）

1.（10 分）

计算机的发展经历了四个阶段。（2 分）

第一阶段采用的电子元件是 电子管；（2 分）

第二阶段采用的电子元件是 晶体管；（2 分）

第三阶段采用的电子元件是 中小规模集成电路；（2 分）

第四阶段采用的电子元件是 大规模、超大规模集成电路。（2 分）

2.（10 分）

操作系统的基本功能包括以下五个方面 处理器管理（2 分），作业管理（2 分），存储器管理（2 分），设备管理（2 分）和文件管理（2 分）。

3.（10 分）

十进制整数转换为二进制数的方法简单概括为“除二取余”（2 分），具体操作是利用十进制数除以二，然后得到一个商和余数，将余数记录下来，然后用得到的商再去除以二，如此重复进行，直到商为零为止，将所得到的余数按顺序排列起来，最先得到的余数为二进制数的最低位，最后得到的一个余数为二进制数的最高位。（4 分）

212＝11010100B。（4 分）